大自然启蒙教育书系 4

带孩子出游 常见树木

阅己妈妈 主编

国内第一套真正原创的

“亲子 · 游玩 · 娱乐 · 科普”

读物！

中国农业科学技术出版社

图书在版编目（CIP）数据

带孩子出游常见树木 / 阅己妈妈主编 . — 北京：
中国农业科学技术出版社，2016.8
（大自然启蒙教育书系）
ISBN 978-7-5116-2650-9

Ⅰ . ①带… Ⅱ . ①阅… Ⅲ . ①树木—儿童读物
Ⅳ . ① S718.4-49

中国版本图书馆 CIP 数据核字（2016）第 142790 号

责任编辑 张志花
责任校对 李向荣
内文制作 韩 伟

出 版 者 中国农业科学技术出版社
北京市中关村南大街 12 号 邮编：100081
电 话 （010）82106636（编辑室）
（010）82109702（发行部）
（010）82109709（读者服务部）
传 真 （010）82106631
网 址 http://www.castp.cn
经 销 者 各地新华书店
印 刷 厂 北京卡乐富印刷有限公司
开 本 740mm × 915mm 1/16
印 张 13
字 数 180 千字
版 次 2016 年 8 月第 1 版 2016 年 8 月第 1 次印刷
定 价 38.00 元

人物介绍

我们是相亲相爱的一家

尚尚

聪明活泼的8岁男孩，爱冒险更爱刨根问底，是个充满爱心的小朋友。

佩佩

漂亮可爱的6岁女孩，有点儿胆小，但却不娇气，是全家人的开心果。

爸爸

幽默开朗的爸爸是孩子们的保护伞，他总是慢条斯理地为孩子解答各种稀奇古怪的问题，遇到答不上来的，他还会和孩子一起耐心地查找资料、寻找答案。

爷爷

和蔼的爷爷兴趣广泛。他认为最惬意的事就是坐在摇椅上看书，学会上网之后，喜欢坐在摇椅上用平板电脑浏览每天的新闻，尤其喜欢和孩子一起上网查找资料。

妈妈

热爱大自然的妈妈热衷于搜罗各种户外旅游资讯，特别擅长把在野外收集的各种素材进行整理和保存，被全家称为“百宝箱”。

奶奶

被全家称为“后勤总指挥”的奶奶负责全家的日常事务，她最喜欢在户外旅游时收集各种野菜种子，回家后在阳台开展“野菜培育计划”。

前言

亲爱的爸爸妈妈们：

你们好！

和孩子一起亲近大自然是一件多么美妙的事情！呼吸呼吸户外的新鲜空气，看一看（视觉）郁郁葱葱的丛林，听一听（听觉）树上鸟儿的鸣叫声，闻一闻（嗅觉）野花的芬芳，尝一尝（味觉）野果的味道，摸一摸（触觉）湿润柔软的泥土……

孩子们正是通过五官感觉、认知周围的世界。当感觉器官得到充分刺激时，大脑各部分就会积极活跃，孩子就会更加聪明伶俐。

“妈妈，金银花为什么会有两种颜色？”

“爸爸，蜗牛爬过的地方为什么湿漉漉的？”

“妈妈，黄瓜明明是绿色的，为什么要叫‘黄瓜’呢？”

“爸爸，快看，这种树皮像迷彩服，这是什么树啊？”

正在汲取知识养分的孩子们，对大自然充满了好奇，他们总会缠着爸爸妈妈没完没了地问问题。让爸爸妈妈感到尴尬的是，很多问题做家长的也不一定知道——大自然中动植物的奥秘真是太多了！

“宝贝，这个问题——我也不知道！”当你这样回答他（她）的时候，你知道你的宝贝会多失望吗？

带孩子到大自然中去边玩边学，做孩子的大自然启蒙老师，不再对孩子提出的问题一问三不知——这就是我们编写这套《大自然启蒙教育书系》的初衷。这套书系分《带孩子出游常见野花草》《带孩子出游常见小动物》《带孩子出游常见农作物》《带孩子出游常见树木》等几个分册。

现在快来瞧瞧，这本《带孩子出游常见树木》中有哪些内容吧！

尚尚（佩佩）日记 →

尚尚（佩佩）对树木的观察日记。和孩子的日记比一比谁写得好？好词好句可让孩子背下来，将来写作文的时候可以用到哦！

小小观察站 →

如何启发孩子细致的观察和思考？这里会有一些提示。

树木充电站 →

如何深入浅出地向孩子讲述树木知识？这里一定能帮到你。

树木关键词 →

对树木专业知识进行解释，让孩子了解最基础的专业知识。

树木故事 →

关于树木的民间传说和有趣故事，能增强孩子的阅读兴趣哦！

树木游乐园 →

利用树枝、叶、花做一些手工和游戏，增强孩子的动手能力，悦享亲子时光。

希望爸爸妈妈和每一位小读者都多多接触大自然，接触这些美丽的植物和可爱的动物，不仅要了解它们，更要爱护它们，不要随意采摘绿化区域的每一株小植物，也不要随意迫害每一种对人类有益的小动物。如果爱它们，除了脚印什么都别留下，除了照片，什么也别带走！

最后，感谢为本书编写付出努力的各位老师，他们是：水淼、高琼琼、丁群艳、华颖、赵铁梅、卢缨、武海、王晋菲、周亮、雷海岚、蒋淑峰、肖波、曹爱云、胡敏、汤元珍、尤红玲、刘芹、朱红梅、张永见、王红炜。

阅己妈妈编委会

目录

Part 1：人行道上常见的树

Part 2：山林中的树

Part 3：公园里的树

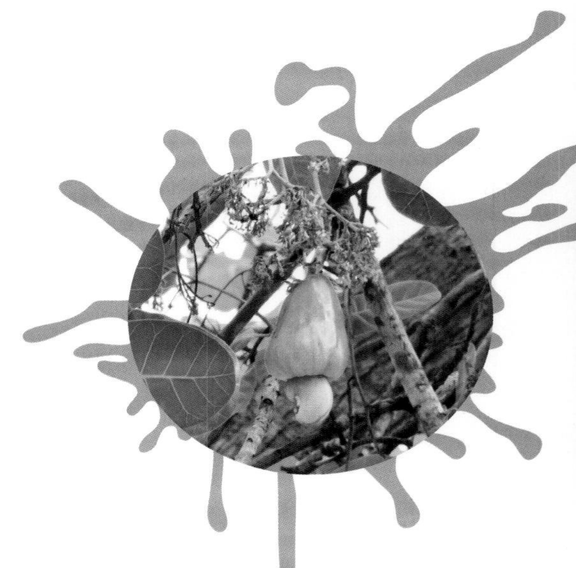

Part4：常见的果实树

Part 5：常见灌木

Part 6：木质藤本

人行道上常见的树

屹立在人行道旁的大树，不知疲倦地始终保持同样的姿势，在阳光下，为人们遮阳；在风雨中，为人们挡风遮雨；在飞舞的风尘中，默默地吸收各种有害气体，为人们留住清新的空气。

秋天到来时，一树的翠绿仿佛镀上了一层金黄，美丽的树叶在萧瑟的秋风中飘落下来，在寒冷的冬天依然潇洒地保持着它们骨感的神韵。

毛白杨，
杨絮乱飞迷人眼

别名：白杨、笨白杨、独摇

尚尚日记

“小白杨，小白杨，它长我也长，同我一起守边防……”爷爷最喜欢哼唱《小白杨》，不知不觉，我和佩佩都会唱了。有一天，我们问爷爷怎么总喜欢唱这首歌。爷爷微微一笑，若有所思地说：“爷爷年轻的时候在西北当过兵。西北雨水少，很多树在那儿都不能生长。但只有一种树，它不追求雨水，不贪恋阳光，大路边、田埂旁，哪里有黄土，哪里就是它生长的地方。这种树就是小白杨啊。看到它们，就像看到我的老朋友一样。我似乎明白了爷爷歌声里对白杨树的感情。

小小观察站

白杨树一般都在马路两旁，而很少被种在房屋附近。小朋友知道为什么吗？

提示：白杨树生长快、根系发达，如果离房子很近，随着树的生长，根系有可能破坏地基，给房屋安全带来隐患。

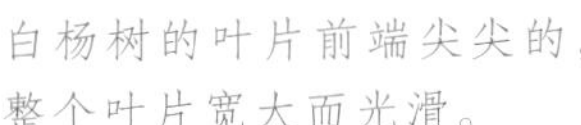

白杨树的叶片前端尖尖的，整个叶片宽大而光滑。

大家经常说“柳絮纷飞”，其实飞扬的还有杨絮，但是只有雌性杨树才产生杨絮。杨絮实际上是杨树的果实开裂的结果。

初春散落在地上的白杨的花序，像一条条毛毛虫。

树木充电站

杨树属于乔木，是一个大家族，在这个大家族里有白杨、青杨、黑杨、胡杨、大叶杨等。小朋友知道“杨树”这一树名是怎么来的吗？原来“杨”字的繁体写法——“楊”的右边部分取自“阳”字的繁体写法，因为杨树是我们祖先最早发现可以遮阳的树，所以杨树因“阳”而得名；还有另一种说法，杨树高大挺拔，树冠有昂扬之势，而“杨”与“扬”同音，所以叫“杨树”。

树木关键词

乔木：指树身高大的木本植物，通常有直立的主干，树干和树冠区分明显，高度可达数十米，常作为行道树。

灌木：指那些没有明显的主干，呈丛生状态并且比较矮小的树木，我们经常看到的月季、杜鹃、迎春花等都是灌木。

木质藤本：指有缠绕茎和攀缘茎，而且茎是木质的植物。这类植物不能直立，必须缠绕或攀附在其他物体上。我们常在墙上看到的爬山虎就是木质藤本。

▲
小朋友是不是觉得白杨树上有很多“眼睛”在盯着你？其实这些“眼睛”是枝干被砍去，树木自身愈合留下的疤痕。

银杏树，为什么被称为“活化石”

别名：公孙树、鸭掌树、蒲扇

尚尚日记

离爷爷奶奶家不远有一片银杏林。深秋时节，满目金黄，银杏叶像一把把金色的小蒲扇，忽闪忽闪的，风过叶坠，又像金色的蝴蝶漫天飞舞。每到这时，奶奶就会带着我们打白果。用竹竿使劲一敲，它们就掉落下来。回到家，奶奶剥去那层难闻的果皮，把白胖胖的果子丢进水里浸泡，然后把它们放在蜂窝煤炉上烤。不一会儿，只听得一声声清脆的响声，壳炸开来，露出绿莹莹的仁儿。我们迫不及待地掰开壳，把绿仁放进嘴里，软软糯糯，一股清香沁入心田，虽然带一点儿苦味，但味道还是非常特别呢！

小小观察站

捡一片银杏叶，观察它的形状像什么呢？

提示：就像银杏树的别名“鸭掌”和“蒲扇”一样。

雌性银杏树会结果实，俗称白果。白果有少量的毒，一般都是晒干或者炒熟后食用，但不能吃得太多。

树木充电站

恐龙出现在几亿年前，在第四纪冰川之后灭绝。银杏就是跟恐龙一个时期的植物！在冰川之后跟银杏同期的植物都灭绝了，银杏成了最古老的孑(jié)遗植物，因此，它又有“活化石”的美称。虽然它们的寿命很长，但长得很慢。种下一棵银杏树，20多年后才会结果，40年后才会大量结果。所以人们开玩笑地说公公种树，孙子才能吃到果实，就把它叫“公孙树”吧！

树木游乐园

秋天，银杏叶变黄，慢慢飘落在地上，小朋友可以收集一些叶子带回家，发挥想象做一幅别致的树叶贴画，或是做一朵漂亮的玫瑰花也很不错哦，试试吧！

银杏叶做成的玫瑰和蝴蝶，小朋友还能做出什么来呢？

树木关键词

孑遗植物：指起源久远而且存留很少的植物。

鹅掌楸（qiū），叶子像一件小马褂

别名：马褂木、双飘树

尚尚日记

语文老师今天讲清朝历史，讲到了黄马褂。那时候谁要是做了造福百姓的事，皇帝一高兴就会赏他一件黄马褂，所以黄马褂是象征荣耀的。我想起了鹅掌楸，因为它的叶子像极了小马褂！鹅掌楸在秋季叶色金黄，似一个个黄马褂，站在远处望，一眼就能认出来。我喜欢它的花，花色虽不艳丽，但是很好看，难怪它还有“中国郁金香”之称呢！

小小观察站

鹅掌楸的花什么时候开放？是什么颜色？

提示：花期5-6月。花单生枝顶，花瓣外面绿色，内面花色，基部有黄色条纹，形似郁金香。

鹅掌楸的花常在叶间藏着，花直立，有“中国郁金香”之称。

树木充电站

鹅掌楸和银杏一样都是古老的孑遗植物，叶形奇特，在第四纪冰期时大部分都灭绝了，现仅残存鹅掌楸和北美鹅掌楸两种，我们经常见到的“小马褂”其实就是这两个种的杂交种。它还被选作奥运树种呢！杂交鹅掌楸在秋天也会变成黄色，一件件黄“小马褂”在秋日里随风起舞，美丽极了。

鹅掌楸的叶片像小马褂吗？

法国梧桐，真的来自法国吗

别名：祛汗树、净土树、悬铃木

佩佩日记

法国梧桐是我国著名的行道树和园林绿化树种，到了秋天，我最喜欢公园里那条铺满金黄落叶的大道，踩上去“咔嚓咔嚓”地响。爸爸告诉我，那两边都是法国梧桐。看着它们粗壮的腰身、交错的枝干，我猜不出它们的树龄。

“佩佩，快来！”尚尚激动地召唤我。原来，他发现了树上枝叶间隐身的“宝贝”——小球果，他要和我来个扔球比赛，每次我们都会玩个痛快。回家时，我和尚尚又一起寻找法国梧桐形状奇特、颜色漂亮的落叶，一会儿，我们还要做树叶贴画呢！

小小观察站

观察一下法国梧桐的果实，一般是一串几个小球果？

提示：大多数情况下是3个，也有特殊的。

法国梧桐的树皮呈浅灰褐色，片状，剥落。

法国梧桐上的小球果，冬天会少量掉落，来年春夏时节它们才陆续掉落开裂，并产生大量的果毛飘到空中，容易引起过敏反应。

树木充电站

林荫道上见得最多的树大概就是法国梧桐了，它有个很霸气的名字——行道树之王，但它和梧桐没有关系。它的名字来源于一个误会：20世纪初，法国人在上海法租界内引种了一些悬铃木，这是我国最早被大量当作行道树的树种。当地人见这种树叶子挺像梧桐叶，又知道是法国人种的，就称它们为法国梧桐了。实际上，法国梧桐，既不来自法国，也非梧桐哦！

树木游乐园

树叶玫瑰花：把一片法国梧桐叶子几次对折之后，用左手按住，右手一边向内侧旋转一边将叶片绕在花心上。用同样的方法绕2～3片叶子，再就地取材，用干草缠在底部不让“花”散开。漂亮的“玫瑰花”就在你的手中诞生啦！

狐狸脸面具：第1步：找一片大的法国梧桐树叶。第2步：将中间部分向下折，然后用一个小细树枝穿过其中(也可以在上面挖两个洞作眼睛，或贴上小树叶装饰成眼睛)，狐狸脸面具就做成了。

用法国梧桐的树叶做一朵美丽的玫瑰花吧！

用法国梧桐的叶片做一个狐狸脸面具吧。

树木关键词

悬铃木：科名。悬铃木有3种：一球悬铃木、二球悬铃木以及三球悬铃木。“几球”指果枝上通常有几个球形的果序。一球悬铃木也被称作美国梧桐，二球悬铃木又被称作英国梧桐，三球悬铃木就是我们熟知的法国梧桐啦。

luán
栾树，种子藏在“灯笼”里

别名：灯笼树、摇钱树

佩佩日记

去年秋天，当我行走在小区路上时，脑袋突然被什么东西砸了一下，原来是树上掉下来的一个小枝桠。我刚有点生气，这个“罪魁祸首”却引起了我的注意：原来这棵小枝桠上居然结满了一个个圆锥形的“小灯笼”，有的是浅橘红色，有的是褐色！有一个砸坏的小灯笼里面露出两颗黑色小颗粒(应该是种子吧)，而它的外面由3片像纸一样的果皮包裹着，每片果皮为三角形。从此我就开始关注这棵树了，从树干上的名片来看，它的大名是栾树。今年夏天，我见到了栾树特别的花朵，金黄色的小花生长在枝条的顶端，它的花序很长。我想，再过不久，小灯笼们就会慢慢出现了吧！

栾树对风、粉尘污染、二氧化硫、臭氧等都有较强的抗性，是一种良好的净化环境的树种。此为栾树的花朵和果实。

树木充电站

栾树属无患子科，为落叶乔木，高可达15米，有5层楼那么高。虽然它的花十分美丽，果实也十分有特点，但它春天发芽晚，冬天落叶早，长得缓慢。它的树干扭曲，很难成材，人们很少用它作为家具等大型器具的材料，不过也有人用其木头做小的玩具、器具。它的种子可以榨油，但只能做工业用。

栾树的“小灯笼”里面就是它的种子。外面由像纸一样的3片果皮包裹着，每片果皮为三角形，未成熟时是淡黄绿色，成熟时是褐色，冬季落叶后还悬挂在树上。

洋白蜡，
秋风涂上的色彩

别名：美国红梣(chén)、毛白蜡

尚尚日记

洋白蜡树看上去和普通的树区别不大，在公园里常常能见到这种树。早春，桃花、樱花都开败了，它的小嫩芽才慵懒地冒出来，伸着懒腰享受春天和煦的阳光。到了秋天，我却对它产生了别样的喜爱。因为秋日的一阵风拂过，给洋白蜡涂上了色彩，它最先换上了黄色的秋装，成了秋日里最别致的风景。

小小观察站

数数洋白蜡的叶片是奇数还是偶数？它的果实长什么样？

提示：叶片为奇数羽状复叶，果实是翅果。

洋白蜡枝叶茂密，叶色深绿而有光泽，发叶迟，落叶早。它的果实为翅果，可以随风飘到很远的地方。

洋白蜡的小叶在叶轴的两侧排列成羽毛状，总数是奇数。

树木充电站

洋白蜡的形态很美，到了秋天，白蜡叶会变成黄色，秋风一吹，潇潇洒洒，是秋天不可多得的风景。白蜡树的名字是因其树上可以放养白蜡虫而得。是白蜡这个属的总称。

古代人们就已经放养蜡虫，它的幼虫可以分泌白蜡。

臭椿，真的会发出臭味吗

别名：臭椿皮、大果臭椿

尚尚日记

我特别喜欢臭椿树上的一种小虫子——花姑娘，它的学名为斑衣蜡蝉。光听名字就知道它长得很漂亮了。你看，它外披一件褐色黑点的敞口大衣，隐约可见美丽的红色内衣。花姑娘们常常成群结队，往返在粗壮的臭椿树干上，我常常捉上几只，握在掌中，爱不释手。后来我才知道花姑娘其实是臭椿树上的一种常见害虫。和其他树相比，臭椿对病虫害有较强的抵抗力，你能猜到为什么吗？哈哈，就是因为它发出的特殊臭味具有杀菌除虫的作用呢！

小小观察站

臭椿与香椿长得很像，其实它们是不同的科属，小朋友看一看，闻一闻，两种树还有哪些区别？

提示：叶数不同。臭椿为奇数羽状复叶，香椿一般为偶数羽状复叶；叶子味道不同。臭椿叶子有异臭，香椿叶子有较浓的香味；树干不同。臭椿树干表面较光滑，不裂，香椿树干则常呈条块状剥落；果实不同。臭椿果实为翅果，香椿果实为蒴(shuò)果。

臭椿的叶子上有臭腺，会发出臭味。

这是香椿。小朋友能从叶片上看出和臭椿的不同吗？

树木充电站

臭椿长得很快，可以在25年内长到15米，但寿命较短，很少超过50年。它的叶子可以饲养名叫椿蚕的野生蚕；它的树皮、根皮、果实均可入药，有清热利湿的效果。

香椿炒鸡蛋是一道美味，小朋友喜欢吃吗？

树木关键词

单叶：一个叶柄上只长一片叶子，像法国梧桐、杨树的叶子那样。

复叶：和单叶相反，一个叶柄上长有很多小叶，像栾树的叶子那样。

翅果：指薄翅状附属物果皮的果实。外形像翅膀，有风就可以飞向远方，像洋白蜡的果实。

蒴果：干果中裂果的一种，有多粒种子，像芝麻、凤仙花等的果实。

木棉，
花开红比朝霞鲜

别名：攀枝花、红棉、英雄树

佩佩日记

春天来了，木棉树的树枝上悄悄地长出了花苞。过了些日子，花苞开出了一朵朵鲜艳的小红花，远远望去，红彤彤的一片，美得令人陶醉。清初诗人屈大均这样描写它："十丈珊瑚是木棉，花开红比朝霞鲜。"木棉花虽然没有牡丹、玫瑰那么绚丽，但我觉得它有着独特的清高和美丽。

小小观察站

观察木棉树的树皮，用手摸一摸，发现了什么？

提示：木棉的树干有突起，会扎手。这样的树皮可以保护自己不被动物所伤害。

木棉树树皮上的突起，小朋友敢摸一摸吗？

树木充电站

木棉树亦称攀枝花、红棉、英雄树等。木棉为热带树种，我国云南、广西壮族自治区、广东、海南以及印度、缅甸、印度尼西亚、马来西亚和澳大利亚均有分布。我国云南西双版纳的傣族人民一直对木棉有着特殊的感情。傣族织锦就取材于木棉的果絮；他们喜欢用木棉的花序或纤维作枕头、床褥的填充料，十分柔软舒适；在餐桌上，他们用木棉花瓣烹制成美味养眼的菜肴；在傣族情歌中，少女们还常把自己心爱的小伙子夸作高大的木棉树呢！

春天木棉花盛开时像一团团尽情燃烧、欢快跳跃的火苗，极有气势。难怪被人们视为英雄的象征。

木棉的果实，是不是和棉花有些相似呢？

桂花，做一个迷人香包

别名：岩桂、木犀（xī）、九里香

佩佩日记

八月是桂花绽放的季节，大片的绿叶中间藏着一些米黄色的小花，虽然它们看上去并不起眼，但迷人的香气却扑面而来，让人情不自禁地想做一个深呼吸。奶奶喜欢采摘一些桂花带回家，把它们包起来，宝贝似的晒平收好。家人聚在一起的时候，她就会拿出珍藏的桂花，放一些到杯中，用开水冲泡，很快桂花的香味四溢，飘散开来，好香！我很喜欢奶奶泡的桂花茶呢！

小小观察站

桂花的颜色有很多种，小朋友见过几种呢？它们的香味浓郁吗？

提示：花朵金黄色的金桂，气味较淡，叶片较厚；花朵白色微黄的银桂，气味浓郁，叶片较薄；花朵橙黄的丹桂，气味浓郁，叶片厚；花朵稍白或淡黄的四季桂，香气较淡。

银桂，叶片较薄，具有浓郁香气。

丹桂，叶片较厚，气味浓郁。

小朋友还知道什么花很香吗？茉莉花和栀子花香吗？

茉莉花。

栀子花。

树木充电站

桂花常在农历八月开放，所以人们经常说“八月桂花香”。以前桂花象征文人的荣誉，“蟾宫折桂”就是攀折月宫桂花的意思，比喻应考得中。因“桂”与“贵”谐音，所以桂花又有荣华富贵的寓意，有些地方的习俗是新娘子要戴桂花，寓意“早生贵子”。

油桐树，

桐花飘似五月雪

别名：桐油树、桐子树、光桐

尚尚日记

今天，我突然发现油桐的花苞探出头来，枝头挂的花洁白如雪。听妈妈说，我国台湾有个叫客家庄的地方，种了成片的油桐。每到春末夏初，那里就变成了一年中最美丽的时节。走在山间小路上，道路两侧开满洁白如雪的油桐花。油桐树下，落花洁白，花絮飘飞，宛如纷纷扬扬的雪花。难怪油桐花还有一个别名叫“五月雪”。我真希望有一天能去台湾，亲眼看看大片大片的油桐花！

小小观察站

油桐花有香味吗？只有白色的油桐花吗？油桐果什么样？

提示：油桐花没有明显的味道。常见的油桐花都为白色。油桐的果实圆形，未熟时绿色，成熟时种皮木质化。

剥开油桐果皮，会发现里面藏着的小种子。油桐的果实毒性很大，千万不能放入口中，它的叶、树皮和根也都有毒。

树木充电站

油桐与油茶、核桃、乌桕(jiù)并称中国四大木本油料植物。木油桐是油桐的一种，因为它的果皮表面有皱纹，又称之为“龟背桐”，寓意长命百岁。种子叫“油桐籽”。油桐籽榨出的油叫木油(也叫桐油)，色泽金黄，是重要工业用油，用于制造油漆和涂料，经济价值很高。

合欢树，难道不是大版含羞草吗

别名：夜合树、马缨花、绒花树

佩佩日记

春天的一个下午，我看见环卫工人在小区种下了一株小苗苗。我走近一瞧，惊奇地叫了一声："含羞草！"妈妈说："你再仔细看看，这是合欢树。"就这样，合欢树在小区扎根了，一年又一年陪着我一起长大。它的4个枝条伸向4个方向，整个树冠差不多是一个圆形，整体的造型很漂亮。我经常偷偷地抚摸它的叶片。有一天，枝条上出现了很多粒状的花苞，它要开花了！果真，没过多久，树上就开满了粉色的花，随风摇曳。看着这些漂亮的粉色小绒球，我心里乐开了花！

小小观察站

仔细观察合欢树的叶子在白天和晚上有什么不同？

提示：它的叶子晚上会闭合“睡觉”。

合欢树的叶片和果荚。它有母树和公树之分，母树只有在得到公树的花粉时才能结籽。

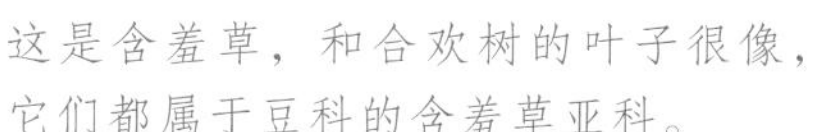

这是含羞草，和合欢树的叶子很像，它们都属于豆科的含羞草亚科。

“睡觉”时的合欢树叶片。

树木充电站

合欢树的叶子由许多细小羽片组合而成，每片叶片舒展而又平坦，白天神采奕(yì)奕，到了晚上却显得很疲惫，蜷曲着，仿佛在休息。原来这是植物的“睡眠”现象。植物通过叶子在夜间的闭合，来减少热量散失和水分蒸发。叶子不仅在夜晚关闭睡觉，遭遇大风大雨时也会渐渐合拢，以防止娇嫩柔软的叶子受到暴风雨的摧残。合欢树的生长速度很快，也得益于它的“睡眠”呢！

梧桐，凤凰来仪，无此不栖

别名：青桐、桐麻

佩佩日记

春天来了，梧桐树上嫩黄的小叶子一簇簇地顶在原本光秃的枝头，整棵树仿佛一下子恢复了生机。到了夏天，层层叠叠的叶片，仿佛许多的手掌，你挨着我，我挨着你，不留一线空隙。转眼到了秋天，只见叶片上最初的绿色黑暗起来，变成墨绿，又由墨绿转成焦黄。北风一起，大片的黄叶纷纷掉落，枝头也变得空落落。我知道，梧桐树正在积蓄新的力量，等待枝繁叶茂的又一个春天呢！

小小观察站

仔细观察梧桐树上的嫩枝和老枝有什么不同？

提示：嫩枝表面有黄褐色绒毛；老枝表面光滑、呈红褐色。

梧桐的树皮常年保持绿色，因此也叫青桐，这是它最易辨认的特征。

梧桐新长出的叶子。

树木充电站

梧桐树高大挺拔、气宇非凡，被认为是祥瑞的象征。古时候的富裕人家喜欢在庭院栽种它。传说凤凰喜欢栖息在梧桐树上，因此古时宫廷、民宅都爱栽植梧桐树，以求“种得梧桐引凤凰”。它的树干笔直，是很好的木材，可以用来制作民族乐器，如琵琶。它的果实可以食用或榨油，而且长得非常显眼：干燥的5瓣，在成熟时各瓣会分开，像叶子一样挂在枝头。这种果实在植物学里称作蓇葖（gū tū）果。

树木关键词

梧桐成熟的果实，有5个像叶片似的苞片。

蓇葖果：果实的一种类型，属干果，会开裂。果实里有一粒或多粒种子，成熟后沿果实的一个缝开裂。

苞片：指花序内不能促进植物生长的变态叶状物。广义上，任何和花序相关的叶片均称为苞片。

七叶树，七片叶子像手掌

别名：桉椤树、桉椤子、猴板栗

佩佩日记

秋天，各种颜色的树叶落在林荫道上，红的、黄的、半红半黄的、半黄半绿的，看得我眼花缭乱。我和尚尚决定玩个“看树叶猜树名”的游戏。我们分头去捡一些落叶，然后轮流出“树叶牌”，考对方是否认识。梧桐树、枫树、槐树……尚尚居然全都猜中了。看来我必须使出绝招，打出“王牌”了。我把手里的最后一片树叶，确切地说，是一簇树叶摊在他面前。只见枝桠的顶端像小伞一样展开出好几片树叶，我数了数：刚好7片。这下，尚尚终于被难住了，我得意地告诉他：“这是七叶树的叶子呀！”

小小观察站

观察一下七叶树的叶片、花朵和果实都是什么形状的，它们都像什么呢？

七叶树美丽的叶片。

树木充电站

七叶树，因为树叶像手掌，多为7个叶片而得名。它的花大，而且花形特殊，像一个个小烛台。它的果实也很特殊，是世界著名的观赏树种之一。

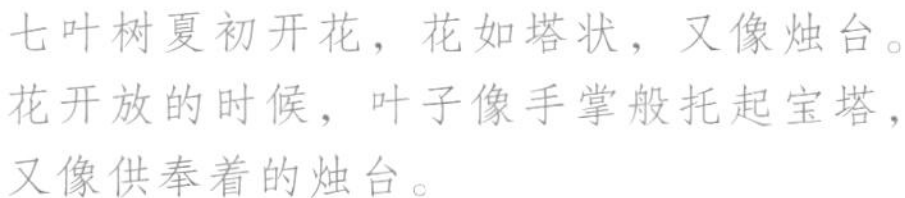

七叶树夏初开花，花如塔状，又像烛台。花开放的时候，叶子像手掌般托起宝塔，又像供奉着的烛台。

七叶树的果实可以吃，但要先用碱水煮后才能吃，否则会很苦，口感像板栗，所以它也叫猴板栗。

椴树，日耳曼人心中的圣树

别名：千层皮、青科榔、椴麻

尚尚日记

今天，我认识了一种新的树——椴树。它树干通直，枝叶茂密，树大荫浓，站在树下便能感觉到习习凉风。现在正是椴花盛开的季节，芬芳迷人的香气扑鼻而来。忙碌的小蜜蜂不时地飞来飞去，穿梭其中。爷爷说椴花蜜比一般蜂蜜更甜，也更有营养，是蜂蜜中难得的佳品呢！

小小观察站

闻一闻椴树的花朵有什么气味？舔一舔椴树花中的蜜。

提示：椴树花有香味，可用作草药或草本茶，重瓣的品种则通常用于制造香水。

椴花晒干之后可以制成椴花茶，有助睡眠！

大多椴树属的苞片都是狭长倒披针形或狭长圆形，称为舌状苞片。

树木充电站

椴树长得既高又粗，高可达30米，直径可达1米。椴树叶是一种草药，芽及嫩叶都可以直接吃。东北有一种传统特色食品，名字就叫“椴树叶”。其实它是用黏米面做的，形状有点像饺子，里面经常藏着小豆馅。因为外面是用椴树叶子包裹，所以人们就叫它“椴树叶”。

树木故事

椴树在日耳曼有特殊的地位，它被日耳曼人尊奉为爱情与幸运女神弗蕾亚。以前中欧很多地方的村落中心都有一棵椴树，人们经常在椴树下聚会、交流甚至是举行婚礼，还有很多的舞蹈节也在那里举行呢！椴树底下也经常成为村庄法院，所以椴树也常被称作“法院树”或者“法院椴树”。总之，在日耳曼人心中，椴树是神圣的。

无患子，它的果实可是宝贝呢

别名：苦患树、木患子、油患子

尚尚日记

我在公园里见到一棵树，它的树干抚摸起来非常的粗糙。树上结了许多绿色的小圆果子，一丛丛、一簇簇地，挂满了枝头。我看了树上挂的小牌子，才得知它的名字——无患子。好特别的名字啊。爸爸说，可别小看这些果子，它们的果皮含有皂素成分，是古人专用的天然洗护用品呢！

小小观察站

观察无患子的花、果实、种子有什么特点？

提示：花冠淡绿色、有短爪、花形像一个小杯子；果实呈球形，开始为绿色，成熟时为黄色或棕黄色；种子呈球形，黑色。

无患子刚结的果实，为绿色，干了之后为棕色。

树木充电站

传说用无患子树的木材制成的木棒可以驱魔杀鬼，所以人们称它为“无患”。它的拉丁学名意思是“印度的肥皂”，因为它那厚肉质状的果皮含有皂素，只要用水搓揉便会产生泡沫，可用于清洗，是古代的主要清洁剂之一。

人们喜欢用无患子的种子穿成手链。

香樟树，具有樟脑的芳香味道

别名：芳樟、油樟、瑶人柴

佩佩日记

香樟树茂盛的树冠，像一把打开的巨伞，为树下的人们撑起了一大片的阴凉。在一米多高的地方，香樟树分叉成均匀粗壮的两个枝杈，稍加努力就可以爬上去。我最喜欢坐在分叉处，有时候还躺在上面，从树叶和树杈缝里看天空，闻着樟树身上散发的自然清香，听着树梢上知了的声声叫唤，我真想把家安在树上呢。

小小观察站

仔细观察，香樟树的树皮是什么样子的，闻一闻它有怎样的气味？知道它的名字是怎么来的吗？

提示：香樟树树皮黄褐暗灰色，有横裂纹，像是大有文章的样子，因而人们就把“章”字旁加一个木字作为树名，称为“樟树”，其又有香味，就被称为“香樟树”了。

▲

香樟树的树皮。

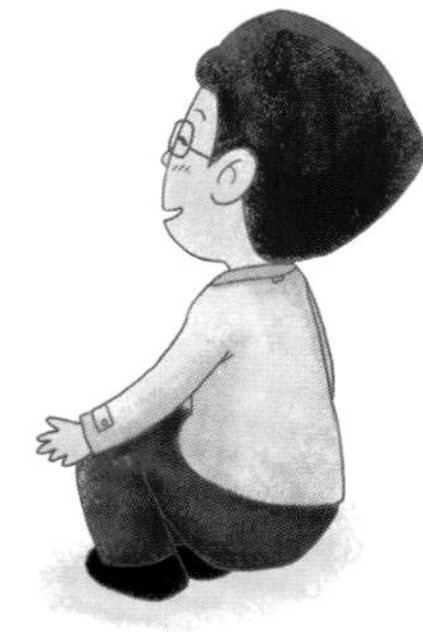

树木充电站

▲

樟树卵形的叶子，正面碧绿，好像抹了一层油一样，很光滑。冬天青翠欲滴，叶片不掉落，待到清明时节，老叶便换上了火红的衣裳，风一吹便飘飘洒洒落一地。

香樟树不仅好玩、好看还有经济用途呢！小朋友们闻到过樟脑丸的味道吗？有没有觉得和樟树的味道相似呢！香樟树含有桉叶素、黄樟素、芳樟醇、松油醇、柠檬醇等重要成分，可提制樟油，是生产樟脑的主要原料。它散发的香气还能驱蚊蝇。摘取樟树的叶片，揉碎后涂抹在手、脚表面，有防蚊的功效！小朋友们夏天到户外活动时可以试试看哦！

山林中的树

春天，积雪融化，树木发出绿芽，鸟儿又开始在枝头聚会；夏天，山上早已绿树成荫，为行人带来丝丝凉爽；秋天，树叶纷纷飘落，地上像铺了一层金色的魔毯；冬天，它们挺拔地接受着风雪的洗礼，积蓄力量等来年春天早早地换上漂亮新装。

日复一日，年复一年，有的树被砍去做了木材，有的树则继续留下来为人们遮阳挡沙。

山桃，为什么人们用桃木“辟邪”

佩佩日记

别名：花桃

今天，我们全家去爬山。刚到山脚下，就看到一片山桃林，花开正艳。花瓣浅白粉红，不像家桃一般绚丽夺目；它的枝条斜斜地插入晴空，不像家桃老枝盘桓（huán）。如果说家桃是娇羞的大家闺秀，那么山桃则像狂野的吉普赛姑娘，无拘无束地开放在山野间。起风了，山桃花在枝头舞动，抚摸着我们的头发，摩擦着我们的脸庞，不时地看见蜜蜂飞舞其中，嘤嘤嗡嗡，好不热闹！我深深地沉醉于这片山桃林中，如果不是还要爬山赶路，我真想再多待一会儿，多看一会儿！

小小观察站

观察山桃花和山桃，比较它们和家桃花及家桃有什么区别？

提示：山桃花花瓣颜色较浅，花期早，果子小，而且酸涩；家桃花花瓣颜色鲜艳，花期晚，果大味美。

树木充电站

春天，山桃在北方是开花较早的植物，它比迎春和连翘开花还要早呢。其花有5个花瓣，是离瓣花，就是花朵的每一片花瓣都会分开的。它的寿命很短。如果在山上看到山桃树，你会发现它的枝干不是那么粗状，偶尔看到粗壮的山桃，它的树干也有很多的桃胶。一旦有桃胶在枝干上，它就会迅速衰老，我们很难见到岁数很大的山桃树。

在桃花里，山桃是最先开花的，有粉色和白色。山桃的花是单瓣的，只有5个花瓣，其他的桃花多为重瓣。

山桃的树皮是红褐色的，很光滑。

公园里栽种的观赏类桃花是食用桃树的栽培变种，一般只开花，不结果，即使结果也很小而不能吃。此为常见的紫叶桃。

山桃树上结的果实较小，而且通常容易生病。

树木故事

如果有人字迹潦草，很难看懂时，为什么人们就用“鬼画桃符”来形容呢？原来，在古代，人们认为桃木有辟邪的作用，因而喜欢在桃木上刻画一些潦草难懂的字画，挂在大门上藉以驱邪避鬼。因为文字潦草，不易辨识，好像鬼画的咒语一样，所以后来人们就用“鬼画桃符”来讥讽字迹潦草的人。

桃胶。

山杏，有营养也不能多吃

别名：杏子、野杏

佩佩日记

每当七月山杏成熟时，山上一片金黄。放眼望去，漫山的山杏犹如一串串金黄的小灯笼，漂亮极了。随手摘一颗吃，山杏甜中带酸，还带点涩味。妈妈说山杏可不能一下子吃太多，否则就会把人的牙齿酸倒了。看来，可不能当“小馋猫”。

小小观察站

观察一下杏花和山桃花有什么区别？

提示：杏花花期比山桃花花期晚，花梗较短，常两三朵一起贴着枝头开。

杏花最大的特点是花的颜色会有变化，含苞时为纯红色，开花后颜色逐渐变淡，花瓣稍带红晕，花落时则变成了纯白色，这是花内色素随着温度、酸碱不同而变化的结果。

树木充电站

俗话说：“桃养人，杏伤人，李子树下埋死人”。杏吃多了，易引起胃病，因为杏有微毒，酸性较强，会使胃里的酸液激增，但是，杏多吃“伤人”并不代表它没有营养。杏含有丰富的糖、维生素、果酸、氨基酸等营养成分，有润肺化痰、清热解毒的功效，可适量吃。

在山里其实可以找到很多野果树。除了山桃、山杏外，还有山樱桃、野山楂等。

山樱桃，又叫毛樱桃，可以吃，比樱桃熟得晚，果实也比樱桃小，叶子上有柔软的毛。

野山楂叶子是裂开的，和我们常吃的山楂相比要小一些。

元宝枫，霜叶红于二月花

别名：平基槭、元宝树、五角枫

尚尚日记

周末去山上玩，又见到了元宝枫。我捡起一片枫叶，只见叶片由5个小小的叶瓣组成，像一只摊开的手掌。叶片上还布满了纹路，我仔细观察，每一片叶子都是独特的，都有不一样的纹路。最令我感到神奇的还是枫叶的颜色，春夏之际，它和其他树木的叶片一样是碧绿碧绿的，一到秋天就像被施了魔法一样，由绿及黄，由黄至红，甚为美观，在城市园林绿化和行道树中广为栽植。我爱秋天，更爱秋天的枫叶！

小小观察站

观察一下元宝枫的叶子，像什么形状？

提示：元宝枫底部稍平，叶形像元宝，所以又美称元宝枫。

树木充电站

一到秋天，枫叶就会变红。枫叶为什么会变红呢？原来植物叶片含有叶绿素、叶黄素、胡萝卜素等色素，使植物分别呈现出绿色、黄色等。还有一种叫花青素的特殊色素，具有变色的功能，在酸性溶液中呈红色。到了秋天，气温降低，光照减弱，对花青素的形成有利，而枫树等红叶树种的叶片细胞液呈酸性，所以，整个叶片便呈现红色了。

▲ 元宝枫初秋时的叶片。

▲ 红枫，叶片细长，从一开始长叶就是鲜艳的红色，到了秋天红色反而会变暗。

▲ 糖枫的同一片叶子，在不同季节呈现出不同的颜色。

▲ 三角槭，叶片有3个角，秋叶红色。

黄栌（lú），夏赏紫烟秋观红叶

别名：黄栌木、烟树

佩佩日记

秋天，是赏红叶的时节，我们全家一起登上了香山香炉峰。从峰顶望去，漫山遍野红彤彤的一片。在红叶的装点下，整个山峦，红山、红树、红枝，每一处都红得似火。我被眼前的壮丽景色惊呆了，忍不住赞叹道：“香山的枫叶真美啊！”爸爸却告诉我，香山大面积种植的是黄栌树，闻名天下的香山红叶其实并不是枫叶，而是黄栌叶。黄栌虽然没有枫树名气大，但它的美丽毫不逊色啊！

小小观察站

黄栌树叶是什么形状的？

提示：卵圆形。

黄栌的叶片圆圆的。

黄栌在春夏之际开花，花开过后，那些久留不落的不孕花的花梗呈粉红色羽毛状，在枝头形成似云似雾的景观，有人称它为“烟树”。

树木充电站

黄栌，是我国很重要的观赏树种。入秋叶子变色，呈红色和紫红色两种，色彩十分艳丽。但它的木材是黄色的，古代用作黄色染料，就连皇帝的黄袍也是用此种染料染成的。

火炬树，会引火烧身吗

别名：鹿角漆、火炬漆

尚尚日记

周末，我和爸爸妈妈去爬山，刚到山脚就见一大片火红火红的火炬树映入眼帘，看着眼前壮丽的景象，我终于明白人们为什么要称它为火炬树了。爸爸说，火炬树的寿命很短，一般生长20多年后就会慢慢枯萎。可神奇的是，它虽然枯萎了，生命却并没有终止。它会在自己周围大量繁殖后代，不断地扩张火炬树的队伍。只需要3～5年的时间，就会蔓延成一大片。听到这里，我不由得对火炬树肃然起敬，它的生命虽然短暂，但却一直努力地传递生命的火炬，一代一代，生生不息！

小小观察站

小朋友，你会区分火炬树树叶、枫叶和黄栌叶吗？它们各自有什么特点？

提示：火炬树树叶较细长，枫叶通常会有几个叶瓣，黄栌叶则呈卵圆形。

火炬树叶片。有很多对生细长的小叶。

火炬树的种子。

树木充电站

火炬树开花后结成红色果穗，如高粱穗一样，似火炬，故火炬树由此得名，仅是树种的名称，故不存在引火烧身，还可以做防火树种呢！原来火炬树的树枝、叶子含水率都比较高，是难燃树种。但是火炬树的生命力极强，根系发达，萌蘖（méng niè）性强，两年以上的火炬树的周围每年都会萌出很多的小苗，迅速生长，侵占土地，所以一般不在小公园或居民区里种植。除了火炬树是难燃树种之外，常见的板栗和板栗所属的壳斗科的树也都是难燃树种。

树木关键词

萌蘖：指植物长出新芽。萌，生芽，发芽。蘖，树木砍去后又长出来的新芽。

毛泡桐，春来紫花满树开

别名：紫花桐、冈桐、日本泡桐

佩佩日记

春天来了，细雨如丝，一棵棵泡桐树贪婪地吮吸着春天的甘露。它们生长着一朵朵喇叭一样的花，在雨雾中欢笑摇曳。泡桐树总是先开花，然后才长叶结果。花开过后，那嫩绿的小叶子就陆陆续续地长了出来，毛茸茸的，像一只只毛毛虫。泡桐树不仅花好看，它还给人们带来了大用处呢，瞧！夏天，人们就在院子里的泡桐树下乘凉呢！

小小观察站

观察毛泡桐的花朵像什么，闻一闻有什么气味吗？它的枝干都是一样的颜色吗？

提示：毛泡桐先花后叶，花序很大，未开时是咖啡色。花大紫色，清香扑鼻，花朵喇叭状。它的新枝是青绿色，老枝是古铜色。

毛泡桐花开紫色、花朵大、花瓣呈喇叭状。

毛泡桐的果实成熟之后果皮会裂开。

树木充电站

毛泡桐生长速度很快，成材早，繁殖容易，材质好，木材可做家具。相传在日本，有些人家中生了女孩，就在自己的宅基地或山林中种植一些泡桐树，待到女儿出嫁时，已经成材的毛泡桐就可以用来打造嫁妆了。毛泡桐是喜光树种，所以人们多把它种植在阳光充足的地方。春季开花时，清香四溢。

白花泡桐，花白色，花朵外形和毛泡桐一样，不过花朵比毛泡桐排列得密集。

桑树，蚕宝宝的营养美食

别名：家桑、白桑

佩佩日记

盼望着，盼望着，桑葚终于熟了。我和尚尚又来到那片熟悉的桑树林。只见一片片比手掌还大的桑叶绿得发亮，一颗颗紫色的桑果躲在绿叶底下。我忍不住采下一串熟透的桑果，用手掸了掸灰就丢进了嘴里。好甜！一直甜到了心里。我们边采边吃。我突然发现手不知什么时候已经变成了紫红色！再看看尚尚，他的嘴巴也变成了紫色。我们俩你看看我，我看看你，乐得前俯后仰。

小小观察站

桑树的果实叫桑葚，观察桑葚从生到熟都有些什么颜色。

提示：桑葚最初是青绿色的，成熟后呈紫红色、黑紫色。

桑葚从最初结果到成熟的颜色变化。

桑叶是蚕宝宝的美味食物。

树木充电站

桑树的叶可以用来养蚕，果可以食用和酿酒，树干及枝条可以用来制造器具，皮可以用来造纸，叶、果、枝、根、皮皆可以入药。桑树的枝叶和桑皮都是天然植物染料。桑树还是很好的寄主植物呢！寄生于桑树上的木耳称为桑耳，有很好的药用价值。

树木游乐园

桑叶是蚕宝宝的天然食物。刚从卵中孵化出来的蚕宝宝黑黑的，像蚂蚁一样小。慢慢地，就长得白白胖胖啦。考察一下家附近有没有桑树，有的话就亲自养几条蚕宝宝吧。

树木故事

据说西汉末年，刘秀在逃避王莽追兵的过程中经常忍饥挨饿。后来，刘秀靠着桑树上的桑葚挨过了最艰难的日子。当他得到天下后，想到桑树在他危难之时救了他的命，就派官员对桑树挂牌嘉奖。谁知官员错把嘉奖牌挂到了椿树上，被冷落的桑树一下子把肚皮气破了。所以今天我们看到几乎所有桑树干上的树皮都有裂缝，民间俗称“气破肚”，就是被那个糊涂官员给气的。

栗子树，为什么果实叫“毛栗子”

别名：毛栗、板栗

尚尚日记

周末，我们去山里玩，居然见到了栗子树。栗子树上长满了一个个小刺球，每个刺球里大约住着两到三颗栗子。栗子还没有熟时，外面的刺是软的，颜色是绿色的。但爸爸说，栗子成熟以后，它外面的刺就会变得特别坚硬，像一个威严的小刺猬，向人示威！随着栗子的愈发成熟，小刺球会慢慢裂开，里面的栗子就蹦蹦跳跳地掉落下来。妈妈还给我们出了一个谜语：第一家针店，第二家皮店，第三家纸店，第四家肉店。答案就是栗子！

小小观察站

观察板栗的花有什么特点？有香味吗？

提示：板栗的花都是直立向上的。

板栗的花序直立向上。

树木充电站

栗子树是中国特产树种，栗子与桃、杏、李、枣并称“五果”。我们的祖先很早就开始栽培板栗树。它的花朵有桂花之香，有驱蚊的作用。它的果实美味又有营养。它的木材非常坚固耐用，不容易被腐蚀，颜色发黑，有美丽的花纹，是非常好的装饰和家具用材。它的树皮是皮革工业的重要原料。它的树叶可以饲养柞(zuò)蚕。栗子树浑身是宝呢！

栗子的外面长有毛刺，这也难怪很多人叫它“毛栗子”了。

和栗子很像的一种植物叫栓皮栎(lì)，但板栗的果实是完全被包住的，栓皮栎的果实只包了一半。

山皂荚，像肥皂一样起泡泡

别名：山皂角、皂角刺、皂角针

佩佩日记

奶奶家屋后有一棵山皂荚。据说古代就是用皂荚果洗头的。它们长得很像豌豆荚，只是更长更大。我试着剥开，发现很难。奶奶让我找块干净的石头将它敲碎，再把敲碎的豆荚倒入干净的锅里，加开水一起煮，直到锅里的水都变成了橙黄色。奶奶又找来一块纱布，把水里的荚果碎末全都过滤掉，这样就可以用来洗头了。我把头发小心地放入橙黄色的水中，揉搓着，果真还会像肥皂一样起泡泡呢。洗完后头发特别的柔顺。

小小观察站

观察山皂荚的荚果以及里面的种子，摸一摸什么感觉？

提示：荚果带形、扁平、不规则旋扭或弯曲成镰刀状。种子为椭圆形、深棕色、表面光滑。

山皂荚的树枝上有刺，而且它的刺像小枝。

山皂荚的果实像不像扭曲的豆角？

树木充电站

山皂荚的树枝呈绿褐色至赤褐色，枝上带刺。它的果实和刺都可以入药。刺长在树干上，少量长在粗壮的树枝上，属于枝刺。它的刺很大，像小树枝一样。如果你在公园看到这样的枝刺就能大致判断它是皂荚了。正是它枝刺的特点，在公园里常用其做防护林，这样就可以阻止人们从中翻越穿行了。

树木游乐园

摘下皂荚的荚果，想办法把它的籽剥出来，手上会留下很多绿色的物质，这里面含有皂素成分，用水冲洗，就会像肥皂一样起泡泡。

树木关键词

荚果：干果的一种，荚果成熟后，一般果皮沿背缝和腹缝两面开裂，如大豆。

构树，可与毒气抗衡的绿化树

别名：构乳树、假杨梅、沙纸树

尚尚日记

暑假，我和佩佩回奶奶家时，又看到了许多郁郁葱葱的构树，有的还挂着像杨梅一样的果实，一丛一丛的长满了沟边和山坡。第一次见到时，我高兴地大叫，“奶奶，看，树上有杨梅！”奶奶听了不禁哈哈大笑，说：“哪是杨梅啊，那是构树！”奶奶接着说，“构树的果实成熟了也会变红，不过不能当水果吃，但晾干了是一味中药呢！”

小小观察站

构树叶片背面有柔毛，摸起来软软的，叶片有很多种形状。

树木充电站

构树的生命力很强，常野生或栽于村庄附近的荒地、田园及沟旁。它的树皮纤维长而柔软，可作桑皮纸原料；它的果实是一味中药；它的嫩叶可喂猪。构树能抗二氧化硫、氟化氢和氯气等有毒气体，所以常被用作大气污染严重的工矿区绿化树种。

构树的雄花是柔荑花序，呈黄色。是不是和杨树的雄花花序有点像呢？

构树的雌株，带果实，果实是聚花果。

梓(zǐ)树，代表家乡的树

别名：筷子树、水桐、臭梧桐

尚尚日记

春夏之交，梓树上开满了花，黄心、紫蕊、白色花瓣。花朵像钟，花穗像宝塔，绿叶在风中不停地摆动，阳光若隐若现地照射下来，那番景象美极了。当天气越来越冷时，梓树的叶子就由油光变成晦暗，又由晦暗变成焦黄。一阵冷风吹过，干枯的叶子哗啦哗啦地从树上飘落下来，在地上打着旋。一颗颗坠挂着的长长的、干燥的荚果，在凛冽的秋风中纷纷爆裂，多毛的种子，从果壳中脱落而出，漫天飘零。

小小观察站

观察梓树的蒴(shuò)果像什么呢?

提示：梓树在春夏之际开出满树花，秋冬时候则蒴果悬挂枝头，看上去像挂满筷子一样，因此，梓树也叫“筷子树”。

梓树的花朵，白色花瓣上有黄色斑点，很漂亮。

梓树长长的蒴果，最长的能长到20多厘米呢！

树木充电站

古时候，人们常在房屋旁边栽种桑树和梓树，因此，古人见了桑梓容易引起对父母的怀念，从而对桑树和梓树也同样产生敬意。久而久之，“桑梓”一词也被用来代称“故乡”。梓树的嫩叶可以吃，皮是一种中药，木材轻软耐朽，是制作家具、乐器的好材料。梓树是一种速生树种，在古代还常被作为薪炭材。

白桦树，
天然“啤酒树”

别名：粉桦、桦木、桦皮树

尚尚日记

去东北姑姑家时，我见到了大片的白桦林。那一棵棵高大的白桦树仿佛是身裹银裙、头束翠巾的少女。无风时，她们温柔娴静；起风了，她们翩然起舞。其实最先吸引我注意的是树皮上许多线形横生的孔。远远看去就好像无数只眼睛正向四周瞭望。爸爸告诉我，它们并不是天生的，而是在成长的过程中，总有些枝杈或被人砍折，或被大风吹断，或自然淘汰留下的片片伤疤，慢慢就长成了眼睛的模样。原来这些眼睛是它们一次次断裂和抗争的伤口啊！

小小观察站

白桦树的树皮长了好多的“眼睛”，小朋友知道那是什么吗？

提示：白桦树树干上的“眼睛”其实是皮孔，是茎与外界进行气体交换的门户，同叶片上气孔的作用一样。

▲桦树皮洁白柔软，是天然纸张，在上面既可以写字，又可以作画。古人常用它来包裹弓干、刀柄等物。古人最早不会用蜡的时候，就把桦树皮卷起来，点燃一头当蜡烛用，叫作“桦烛”。

▲白桦树树皮上的“眼睛”。

树木充电站

白桦有天然“啤酒树”之称。春日树液流动时，在树干上砍一小口，甜丝丝、凉津津的树液即源源涌出。桦树的汁液营养丰富，是一种不可多得的“森林饮料”。它还可以用来给乳牛催乳，浸泡植物种子从而提高萌发率。此外，它还具有滋润皮肤的作用，可以配制化妆品及天然浴液。

橡树，
摘几颗橡子做玩具

别名：橡树、夏橡、英国栎

佩佩日记

我们在山里捡了很多橡果，我要做一个橡子挑担娃娃。我挑选了3粒橡子，又准备了两根同样长度的细竹签。选出其中的一个橡子当娃娃的身子，再把两根竹签的一端削尖，分别在橡子娃娃的左右两边稍微靠下的地方对称地扎进去。再把另外两个橡子分别插在竹签两端，当作担子。橡子挑担娃娃就做好了。中间的橡子娃娃努力挑着两端沉重的担子，可只要扭转橡子娃娃，它就会原地转圈，好像转晕了犯迷糊呢，真好玩！

小小观察站

观察一下，橡子是什么样子的？它头顶上的“帽子”可以揭掉吗？

提示：“帽子”是橡子的苞片，可以去掉，但在未成熟时很坚固。

带着“帽子”的橡子。

树木充电站

橡树是世界上最大的开花植物。它的寿命很长，树龄可高达400年，最长寿的橡树当属美国加州的一棵橡树，居然有1.3万年了，不可思议吧！它的果实是坚果，就是我们熟悉的橡子，是松鼠等动物的上等食物。

树木游乐园

橡子可以做成陀螺，也非常好玩！做法很简单，只要将一个牙签插在橡子的底部，一个可爱的橡子陀螺就做成了。牙签的长度不同，会影响到它旋转的方式。熟练之后，还可以将牙签朝下旋转，这个难度有点大，小朋友可以试试哦。

橡子小人和小狗。

挑担娃娃。

公园里的树

公园里各种各样的树就是一道亮丽的风景线。有的树树叶黄黄的，整棵树就像挂满了金子；有的树树叶红红的，酷似一团团燃烧的火焰；有的树树叶五彩斑斓，如同栖满了无数的彩蝶；有的树树叶经受住了寒冷的考验，依旧长青。

快乐的小鸟停留在枝头，叽叽喳喳，叽叽喳喳。

玉兰，美如玉石雕刻

别名：白玉兰、玉兰花

佩佩日记

好香啊！我努力地嗅着空气中白色玉兰花迷人的芳香，有的花只有一个小花苞，像毛笔的笔锋；有的含苞待放，花瓣白里透紫，仿佛是一个害羞的小姑娘；有的已经完全盛开，乳白色的花瓣层层叠叠的，在阳光的照耀下，似乎透明，真像是用上等白玉雕刻而成的，怪不得叫它“玉兰”呢！

小小观察站

春天，观察玉兰树，是先长出叶子再开花，还是先开花后长叶？

提示：先花后叶。

▲玉兰树先开花后长叶。

▲玉兰树的果实形状奇特，先是绿色，成熟后呈红色，自然开裂脱落。

树木充电站

玉兰是早春先开花后长叶的植物，小朋友们仔细观察，会发现其花都在枝的顶端开放。玉兰花有不同的品种，所以我们会看到不同颜色的花朵，不同品种的花开的时间也不一样。让我们来一一认识它们吧！

白玉兰。整朵花都为白色。

紫玉兰，是灌木。花开时花瓣直立，花瓣外是紫色，花瓣内偏白。

望春玉兰，花为白色，但花朵基部有粉色或紫色的晕染。

广玉兰，夏天开花，花为白色，很像荷花，所以又叫荷花玉兰，花瓣摸起来厚厚的。

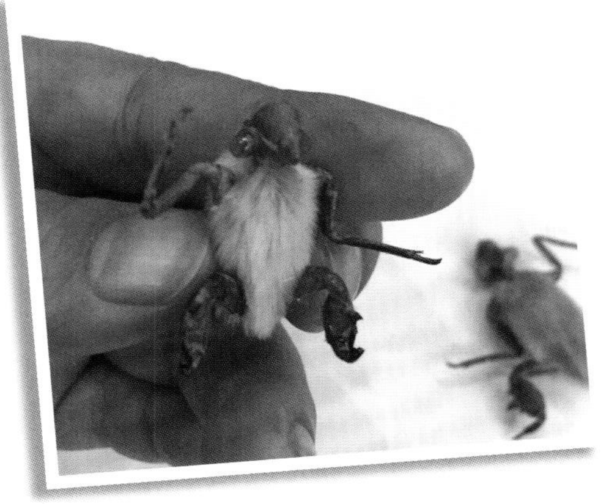

玉兰花秋天形成的花骨朵，表面有一层厚厚的茸毛，艺术家们用它们和蝉蜕做成毛猴，十分逼真。

毛猴。

垂丝海棠，
苹果的近亲

别名：海棠花、垂枝海棠

佩佩日记

海棠树那巨大的树冠向四面舒展，一年四季都有魅力。春天，下过一阵毛毛雨后，海棠树长出了新枝条和嫩绿的叶子，开出了玫瑰红的的小花，渐渐地小花又变成了粉红色。雨打风吹，小花慢慢落了，树上长出了又青又小的海棠果。夏天，海棠树的树叶长得越发茂盛，海棠果也更大了。秋天，海棠树的叶子变黄了，树上的海棠果又大又红，好诱人啊。冬天，海棠树的树枝光秃秃的，寒风呼啸的晚上，窗外的海棠树用它枯干的枝条敲打着窗棂。

小小观察站

垂丝海棠花有几个花瓣？有什么特点？

提示：垂丝海棠的一朵花一般都是5个花瓣，在我国已培育出了很多重瓣品种，小朋友见过吗？

多重花瓣的垂丝海棠。

垂丝海棠的树干上也有很多小小的“眼睛”，这些“眼睛”都是树干上的皮孔。

树木充电站

垂丝海棠又名“肠花”“思乡草”，象征游子思乡，表达离愁别绪的意思。又因为王仁裕所写的《开元天宝遗事》中记述了唐玄宗曾将杨贵妃比作会说话的垂丝海棠，即是指美人善解人意，像一朵会说话的花，所以后来垂丝海棠常常被用来比喻为美人。它的花色艳丽，每年4月左右花朵绽放。它喜欢阳光，不耐寒，也不耐阴，真是一位很娇贵的美人啊！

海棠果，是不是很像苹果呢？

树木游乐园

我们可以用扦插繁殖垂丝海棠。春天时，先准备好疏松的砂质土壤，再从树上取下12~16厘米长的侧枝插入土中，插入的深度为枝条的1/3 ~ 1/2，然后将土压实，浇一次透水后放置遮阳处，注意经常保持土壤湿润，大概3个月就可以生根。如果照顾得好，第2年它也许就会开花哦！小朋友试试吧！

再来认识一下被我们称为“海棠”的其他成员吧——西府海棠、木瓜海棠和贴梗海棠。西府海棠和垂丝海棠一样是苹果属的，而木瓜海棠和贴梗海棠则是木瓜属的。

粉嫩的西府海棠花。

木瓜海棠，除了白色的还有粉色的花。

贴梗海棠，花色较多，有白色、红色、橙色、桃红色。

梅树，
梅子是梅花结的果实吗

别名：梅花

佩佩日记

上周，我到梅花山目睹了梅花怒放的盛况：一棵棵梅树枝头缀满密密的小红花，它们像手牵着手的小伙伴，紧紧地挨在一起，有的白里透红，有的洁白典雅，有的粉红如霞……千姿百态，淡淡的花香时不时飘进我的鼻孔。梅花是美丽的，但最令我佩服的是梅花坚强的品质。寒冬腊月，大雪纷飞，别的花木都凋零了，它却正怒放。在大雪中，它们时而像一个威风凛凛的女战士，时而又像一个亭亭玉立的小姑娘。看着它们，我不禁想起了“遥知不是雪，为有暗香来”的诗句。

小小观察站

闻一下梅花是否有清香？

提示：并不是所有的梅花都有清香，颜色较浅，开花较早的梅花多有淡雅的香气。

白色的梅花，在初春的枝头绽放。

梅花迎风傲雪，在万物凋零的冬日开放。

榆叶梅茂密的重瓣花。

树木充电站

我们平时吃的梅子，并不是公园里开梅花的树结的果。梅树品种很多，主要分为花梅和果梅两大类。我们在公园看到的大部分都是花梅，如梅花，榆叶梅等，只开花，不结果。而我们平时吃的梅子产自果梅，花较小，可分青梅、白梅、花梅、乌梅等。

梅花自古以来就是画家、诗人、作家的宠儿。

樱花树，
我国和日本为主要产地

别名：东京樱花、日本樱花

佩佩日记

每年三四月，樱花热热闹闹赶集似地就冒了出来，满树满枝都是花，连嫩绿的叶子也被挤没了。它们有的相互簇拥着抱成团，有的单个儿站在垂挂下来的枝头上。花瓣小小的，白中带点儿淡粉色，就像小姑娘美丽的脸蛋。一阵微风吹来，枝头上的花瓣纷纷掉落，小花瓣们在风中翩翩起舞，仿佛下起了樱花雨。风过了，小花瓣们缓缓落到树下嫩绿的小草上、小路上。我不顾妈妈的阻止，索性脱掉了鞋子，光着脚丫走在樱花铺成的花地毯上。

白色的单瓣樱花，仔细观赏它的花瓣就会发现花瓣前端有缺刻，所有的樱花都有这个特点。

小小观察站

小朋友见过的樱花是什么样子的呢？

提示：樱花品种很多，按花色分有纯白、粉白、深粉至淡黄色，幼叶有黄绿、红褐至紫红诸色，花瓣有单瓣、半重瓣至重瓣之别。

树木充电站

说起樱花，就会想到日本，日本人很喜欢樱花，樱花被定为日本的国花，但是樱花的花期很短，日本有一句民谚说："樱花7日"，就是一朵樱花从开放到凋谢大约为7天。其实樱花最早起源于我国。两千多年前的秦汉时期，樱花已在我国宫苑内栽培，唐朝时樱花已普遍出现在普通人家，日本的樱花是盛唐时期从中国引进的，比中国晚了一千多年呢！

这是樱花的重瓣品种，通常重瓣的樱花是不结种子的。

树木关键词

缺刻：指叶片或花瓣前端有凹陷。

垂柳，水边的柔情仙子

别名：水柳、垂杨柳、清明柳

佩佩日记

每当春回大地，万物还在沉睡之中，柳树便开始抽枝发芽。只见暗绿色的柳条慢慢地变成青绿，慢慢地伸展成各种姿态。河边的柳树，那长长的柳枝低垂下来，有的甚至垂到了水面。风儿吹来，柳动影随，水面上荡起了一层层的波纹，看得让人陶醉。我干脆支起了画架，拿起了画笔，我要把柳树的美画下来。

小小观察站

我们常说的柳絮到底是什么样子的呢?

提示：柳絮就是柳树的种子。上面有白色绒毛，随风飞散如飘絮，难怪称它为柳絮了。

人们常用柳叶弯眉形容一个人长得清秀。

柳树的花序。

绦柳，旱柳的一种。垂柳的枝条一般都垂直向下，而旱柳的枝条则直立或斜立向上，看起来更为挺拔。

树木充电站

我们经常说“杨柳”，其实“杨柳”单指柳树，并不是杨树和柳树两种树的并称。据说隋炀帝登基后，下令开凿通济渠，虞世基建议在堤岸种柳，隋炀帝认为这个建议不错，就下令在新开的大运河两岸种柳，并亲自栽植，御书赐柳树姓杨，享受与帝王同姓之殊荣，从此柳树便有了“杨柳”的美称。

树木游乐园

人们常说“有心栽花花不开，无心插柳柳成荫”。可见，柳树非常容易成活。早春萌芽前，剪取2～3年生的枝条，截成15～17厘米长作插穗。直插入土中，充分浇水，保持土壤湿润，它就会慢慢地发根生长起来啦。

榆树，捋（luō）把榆钱蒸饭吃

别名：家榆、榆钱、春榆

尚尚日记

清明刚过，榆树上褐色的花蕊就已露出点点新绿。一两天的工夫，绿芽很快就变成了黄豆大小的绿片。再过两天，绿片从黄豆大小变成了指甲盖大小，它们你挤着我，我挤着你，很快整棵树就被肥嘟嘟的绿色榆钱占满了。每当这个时节，外婆就把榆钱摘下来，把它们洗干净，然后拌上面粉上锅蒸，再和葱、蒜一起翻炒，香喷喷的榆钱饭很快就摆到了餐桌上。尝一口，外酥里嫩，吃在嘴里，香在心里！

小小观察站

仔细观察榆钱有什么特点？

提示：近圆形，顶端有凹缺。

榆钱外形圆薄如钱币。

榆叶和榆钱都是可以吃的，但是野外的榆树无人管理易生虫害，小朋友们要注意哦！

树木充电站

老榆树木材有光泽，纹理通直，质地坚硬，不易钉钉，素有“木材硬汉”之称，人们常用“榆木疙瘩——不开窍”来比喻人的蠢笨。榆钱是榆树的果实，4-5月成熟，因为它外形圆薄像钱币，故而得名。又由于它是“余钱”的谐音，所以就有吃了榆钱可有“余钱”的说法。当春风吹来第一缕绿色，榆钱就一串串地缀满了枝头，鲜嫩时采摘下来，可以做成榆钱饭、榆钱煎饼等各种美味佳肴。

洋槐，树叶茂密绿荫如盖

别名：豆槐、白槐、家槐

尚尚日记

5月是我最喜欢的季节，天那么蓝，风那么柔，槐花也在这个时候开放。槐花总是来得那么悄无声息，不经意间就发现它们已经缀满了枝头，一串串夹杂在碧绿的叶子中间，一开始还羞涩得打着朵儿，很快就绽放了，就像挂了一串串雪白的风铃，微风过处，花香四溢。我们在一树树洁白的花海里奔跑，有时难以抗拒它的诱惑，就摘那些较低的花串，三朵两朵地送进嘴里，慢慢品尝！

小小观察站

槐花的花瓣是什么形状的?

提示：槐花的花瓣像只蝴蝶。

树木充电站

槐花在4-5月开放，每当这时候，空气中总弥漫着淡淡的素雅的清香。在古代，有很多赞美槐花的诗句，如“风舞槐花落御沟，终南山色入城秋”，但是小朋友们要知道，古人赞美的槐花指国槐花，而我们常说的洋槐是19世纪下半叶才从北美传入我国的。

我们常见的槐树有国槐和洋槐两种。国槐叶子先端是尖的，洋槐是圆的；国槐的果实是念珠状的荚果，而洋槐则是扁平的荚果。

不同颜色的槐花，花瓣形状相同，也都具淡雅的香气。

国槐念珠状的果实 ，很像珠子编的手串。

国槐的叶子先端尖，整个叶片是没有缺刻的。

洋槐的叶子比国槐要圆一些，仔细观察会发现它的先端有缺刻。

油松，松塔里能找到松子吗

别名：短叶松、黑松

尚尚日记

油松的叶子像绣花针，又细又长，不小心被扎到了有点疼，怪不得叫“松针”呢。油松的粗枝条上伸出细细的小枝条，小枝条再伸出更小的枝条，层层叠叠，美丽极了。油松的果实为小球果，像个小橄榄球，小球果的种鳞顶部有刺。秋天到来时，我们常常在松树底下发现这些“小橄榄球”，轻轻一踢，它们就在地上滚来滚去，非常有趣。老师说球果中的松子可是小松鼠们最爱吃的美食呢！

小小观察站

观察一下油松的树冠、叶子有什么特点呢？

提示：油松树冠呈塔形或卵圆形，孤立老树的树冠平顶，扁圆形或伞形。叶子针形，两针一束，故称为松针。

油松的花序，像不像一个宝塔？

油松的树皮经常会裂，它的裂片是块状的。

松树的针形叶可以避免水分过度蒸腾，不易干死，还能减小风的阻力，使树不易被刮倒。

树木充电站

油松是城市绿化的常用树种。由于油松结出的松子个头较小，不到半厘米长，质地轻盈，附带了一片薄薄的翅膀，能借风力传播。当你从地上捡起松果时，里面往往已经空了。油松的松子富含油脂，对于准备过冬的松鼠和鸟类来说，是珍贵的食物。松子也是深受人们喜爱的干果。

松树是个大家族，小朋友还认识哪些松树呢？

青扦（qiān），树形比油松要小一点，松针不成束。从远处看像一个个圆锥形的小塔立在草坪上、道路边。

白扦，和青扦很相似，但白扦的颜色是灰白色，是松科里的“彩色叶”呢！

雪松体形高大、优美，印度民间视为圣树。

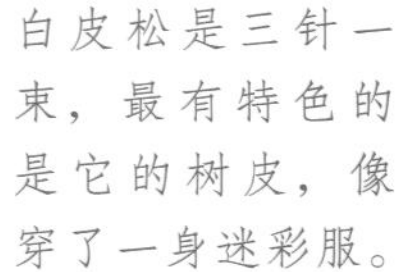

白皮松是三针一束，最有特色的是它的树皮，像穿了一身迷彩服。

金钱松在南方常见，是秋季很好的观叶树种。

乔松的小针细长柔软下垂，很有特点！

我们经常看到一些树干下部被涂成了白色，其实涂的是石灰水，这样就能把阳光反射回去，使吸热减少，冬天树干就不会因昼夜温差巨大而冻裂了，同时还有杀菌和防虫的作用。

这棵松树生病了，需要“打针”为它治疗和提供养分。

水杉，
植物界的大熊猫

佩佩日记

别名：活化石、梳子杉

奶奶家后面的水沟两岸种了两排高大挺拔的水杉树，仿佛是两列笔直站立的神气士兵。我想可能是它们想要多吸收一些阳光，才奋力地长高吧！水杉的叶子特别小，生在小枝的两侧，像羽毛，又像梳子。爸爸说，最奇妙的是，它的叶子能随季节更换而改变颜色。春天，是嫩绿色的；夏天，逐渐变成了深绿色；秋天，叶色变黄，仿佛披上了金装；而冬天，叶子慢慢变红，经历风霜后，红得更艳，最后终于片片掉落，落叶归根。

小小观察站

水杉生长迅速，主干笔直，小朋友知道为什么吗？

提示：因为水杉的顶端优势强。如果把主干顶端的枝芽去除，那么它的侧枝也会长得非常粗大。

水杉的叶片很小也很纤细，小叶片是对生的，左右两边小叶数量相等。

树木充电站

水杉是一种非常古老的稀有植物，所以又被称为“植物界的大熊猫”，并列入我国一级保护植物，不过经过近些年的广泛引种栽培，水杉几乎已分布到世界各地了。它的经济价值很高，材质细密轻软，是造船、建筑、桥梁、农具和家具的良材，也是质地优良的造纸原料呢。

树木关键词

顶端优势：植物的顶芽生长对侧芽萌发和侧枝生长都起到一定的抑制作用，包括对侧枝或叶子生长角度都有影响。如果由于某种原因顶芽停止生长，那么，一些侧芽就会迅速生长。

柳杉。除了水杉，柳杉也很常见，它是我国的特有树种，树皮红棕色，条状裂。

云杉。云杉和水杉虽然只是一字之差，但它们的区别非常大，云杉是松科，而水杉是杉科；云杉的果实更像松果，叶子更像松针。

侧柏，枝叶原来有浓香

别名：香柏、扁柏

尚尚日记

以前我不喜欢柏树，因为它不仅长相丑陋，还有一股怪怪的味道。后来我发现每当深秋，当杨树、柳树等的叶子早已枯黄，掉落一地时，只有柏树的枝叶还保持着绿色。冬天来临，凛冽的寒风呼啸，柏树依然昂首挺胸，一副无所畏惧的样子。它的枝叶仍是绿的，如墨一般的深绿。到了春夏之际，其他树木忙着抽枝、长叶、开花，欣欣向荣，一派生机，柏树依然还是那身绿装，没有一丝的张扬。慢慢地，我改变了对柏树的看法，不再觉得它丑，还对它产生了几分敬意。

小小观察站

观察一下侧柏的树皮是什么颜色，有什么特点？摸一摸、把侧柏的枝叶揉碎，闻一闻有什么味道？

提示：树皮淡褐色或浅灰褐色，细条状纵裂；枝叶有浓香，可提取芳香油，故侧柏又称“香柏”。

侧柏的叶子是扁平的，只有鳞形叶，一片一片的。

侧柏的新芽为黄褐色。

侧柏灰绿色的果实会一直留在树上，用手摸一摸还有粉末呢！

树木充电站

柏树的树冠远看呈圆锥形，形似贝壳，“柏”与“贝”读音相近，因此得名“柏树”。柏树是柏类植物的统称，包括侧柏、圆柏、铺地柏、花柏等多个品种。侧柏的树干或树枝经燃烧后分泌的一种树脂，具有除温清热，解毒杀虫的功效，我们把这种树脂称为“柏油”“柏脂”，但这并不是我们平时所说的柏油，我们平时所说的“柏油马路”其实就是路面由沥青铺成的道路。

柏科植物叶片分两种，鳞片状或刺状，通常鳞片叶交互对生，刺状叶3枚轮生。侧柏的叶全部为鳞片状，先端微钝，两面均为绿色。

▲沙地柏贴着地面生长，是有刺型叶，常在公园做隔离带。

▲这是修剪成灌木状的圆柏，它的叶子有鳞片状和刺状两种。

◀圆柏的刺状叶和鳞片状叶。

▲
龙柏，枝条弯曲螺旋向上，像盘龙。

红果冬青，
红色小果总是很惹眼

别名：野白蜡叶、珊瑚冬青

尚尚日记

红果冬青树是常绿树，它的叶子是椭圆形的，前端稍尖，叶子的边缘略成锯齿状，并且排列得整整齐齐。春天刚抽出来的新叶，大小形状和瓜子差不多。一片片树叶朝阳面绿得发亮，仿佛在墨绿的叶子上打了一层薄薄的蜡，摸上去滑溜溜的。最值得一提的，当然是它那惹人眼球的红果实啦。它的果实很小，只有绿豆那么大，在绿叶的衬托下，显得更加鲜艳，最难得的是，它能在树上停留好长时间，仿佛不停地对路人说：“喂，你看到我了吗？”

小小观察站

红果冬青的树干有什么特点？
提示：树干通直，树形整齐。

红果冬青的小红果。

树木充电站

红果冬青是常绿乔木，树干笔直，人们最喜爱它的果实，圣诞节时，有些圣诞树就是用它做的呢！其根扎得很深，抗风能力强，而且萌芽力强，耐修剪，对有害气体有一定的抗性，所以园林工人们都很喜欢它。

zōng lǘ
棕榈树，
编条小鱼逗猫咪

别名：唐棕、拼棕、中国扇棕

佩佩日记

夏天，奶奶手里永远拿着一把蒲扇，扇面薄而轻，有一轮一轮的脊纹，扇柄硬而光滑，握在手里，拿捏自如，拿起扇轻轻一摇，风好大，甚至还能闻到清香呢！我见过棕榈叶扇时间久了最后就只剩下一把扇骨头了，不禁让人想起济公的“一把扇儿破”。奶奶的蒲扇可不是这样，她早早就用缝衣服剩下来的红布条，把扇子的周边缝起来，就像给扇子镶上了一轮红色的花边。这样一番改造之后，蒲扇就牢固多了，奶奶说，至少可以用上三五年呢！

小小观察站

棕榈的树干有什么特点？

提示：棕榈的树干圆柱形，整枝而不分枝，看起来层层叠叠的，树干棕色。

蒲扇。早些年空调、电扇没有兴起来时，北方大多数地区都使用这样的扇子。

树木充电站

棕榈为热带及亚热带树种，原产我国江南温暖之地。

我们在路边、海岸边经常会看到高大的棕榈树，它们树势挺拔，叶色葱茏，非常适合四季观赏。它们的身上有很多宝贝，叶子可以制成蒲扇，也是手工编织的好材料，可编织成帽子、小动物等工艺品；果肉和果仁能分别榨出棕榈油和棕榈仁油，与大豆油、菜籽油并称为“世界三大植物油”。由棕榈纤维编制成的棕榈床垫，深受人们喜爱，睡觉的时候还可以闻到天然的棕榈香味呢。

树木游乐园

狭长的棕榈叶是做手工编织的好东西，可以编出许多栩栩如生的小动物，小朋友，开动你的脑筋编个工艺品吧！如果没有棕榈叶，也可以用粽叶、草叶代替哦。

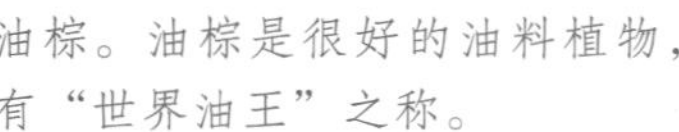

油棕。油棕是很好的油料植物，有“世界油王”之称。

苏铁，也叫铁树，常做盆栽，但其实是乔木。它的叶子和棕榈很像，但它并不是棕榈的亲戚。

▲棕榈的树干就像穿了一层干草编织的衣裳，而它的丝毛可以做成各种棕制品，如棕丝床、棕绳、棕蓑(suō)衣、棕拖鞋等。

大叶冬青，
神奇的树叶写字板

别名：大苦酊(dīng)、宽叶冬青

佩佩日记

爸爸最享受冲茶的过程了，只见他在玻璃杯中放入了几片茶叶，用沸水一冲，嫩绿的叶片就在水中翻腾、舒展开来。不一会儿，茶水就变成了接近透明的淡绿色。我忍不住喝了一大口，浓烈的苦味瞬间弥漫在嘴里，我皱着眉头抱怨："怎么这么难喝啊？"爸爸看了我的窘样笑着说："这是苦丁茶，要慢慢品才能品出它的香来。"于是，我又轻轻地喝了一小口，慢慢咽下去。嘴里的苦味渐渐散了，果真有微微的清甜。爸爸说，苦丁茶其实是大叶冬青的叶子，虽然喝上去有点苦，但可以清热降火呢！

小小观察站

观察大叶冬青树的叶片，有什么特点？

提示：它的叶子呈长椭圆形，前端稍有些尖，边缘呈锯齿状。

大叶冬青的果红红的，惹人喜爱。

人们会把大叶冬青修剪成球形，成灌木状，是不是很漂亮？

树木充电站

大叶冬青的叶可做茶饮，也是一味中药。我们经常在公园见到它的身影，它的叶、花、果色相变化丰富，萌动的幼芽及新叶呈紫红色，正常生长的叶片为青绿色，老叶呈墨绿色。一般5月初花朵盛开，秋季果实由黄色变为橘红色，挂果期长，十分美观，具有很高的观赏价值。

树木游乐园

大叶冬青的叶片又厚又大，有韧性，而且结实，很适合做面具。很早以前我国的寺庙常用它来书写佛经！秋天在落叶中选一些形状和颜色都漂亮的叶子，放在厚厚的书本中压平整，然后在上面写下优美的诗歌，当书签送给朋友吧！

菩（pú）提树，一种灵性的树

别名：思维树

尚尚日记

菩提树在我们这一带很少生长，可是我依然对这种树充满了亲切的情感，因为我最喜欢的神话人物孙悟空，开始拜师学艺的师傅就叫“菩提老祖”。菩提树的树干粗壮雄伟，树冠亭亭如盖。它的叶片呈心形，叶片前端细细长长伸出去，就像叶子的小尾巴一样，特别可爱，讲解员说这在植物学上被称作“滴水叶尖”。最奇妙的是，它的树枝上也长出了许多的根，像长长的胡须一样下垂着。这种暴露在空气中的根有个有趣的名字，叫“气生根”。据说，气生根还能做大象的食物呢！

小小观察站

观察菩提树的气生根是什么样子的。它的伤口处分泌出的液体是什么颜色的。

提示：菩提树在伤口处会分泌出乳汁样的液体，人们可从中提取硬树胶。

菩提树的叶片，三角状卵形，先端骤尖，延长成披针状条形之尾，它叶片的“小尾巴”占叶片长的 1/4 ~ 1/3 呢！被称为“滴水叶尖”。

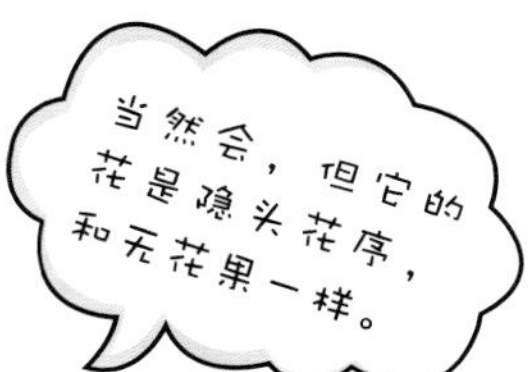

树木充电站

菩提树属桑科，为常绿或落叶乔木，其花和无花果一样是隐头花序，在菩提树的隐头花序里有小蜜蜂帮它传粉，所以菩提树的花序里除了雄花、雌花外，还有一个很重要的结构叫瘿(yīng)花。小蜜蜂通过这个结构去繁殖生长，而菩提树需要靠小蜜蜂传粉。这就是两个生物之间的互利共生，大自然是不是很神奇呢？

树木故事

菩提树与佛教有很深的渊源。中国、印度、锡兰、缅甸、越南等国的寺院中，颇多栽植菩提树。传说佛祖释迦牟尼刻苦修行，有一次，他在菩提树下静坐了7天7夜，战胜了各种邪恶诱惑和艰难，在天将拂晓，启明星将升起的时候，大彻大悟，终成佛陀。所以佛教一直都视菩提树为圣树，印度更是将它定为国树。

树木关键词

气生根：气生根指由植物茎上发生的，生长在地面以上的、暴露在空气中的根，能起到吸收气体或支撑植物体向上生长以及保持水分的作用。

隐头花序：花序的分枝肥大并愈合形成肉质的花座，其上着生有花，花座从四周把与花相对的面包围，而形成隐头状花序。果实成熟时花序轴显著膨大，成为肉质，即所谓隐头果。

菩提树树形高大，枝繁叶茂，是很好的观赏树种。

▲

菩提树枝干上的气生根，形成独树成林的景观。

常见的果实树

山竹、无花果、腰果、菠萝蜜、核桃……它们既是大树的果实和种子，更是我们喜爱的水果和零食，但小朋友见过它们挂在树枝上的样子吗？知道这些果实丰收要经过多少准备吗？冬天，埋在土里的根拼命吸收营养；春天，果树开花，辛勤的蜜蜂传授花粉；夏天，小小的果实争先恐后地储备糖分。这样才换来了秋天的硕果累累。

椰子，随波逐流去远方

别名：奶桃、越王头

尚尚日记

我们全家人到海南三亚度假时，我终于见到了真正的椰子树，沙滩边随处可见它们的身影。高高的椰子树像一把把张开的绿色大伞，给海边的人们带来了阴凉。我很好奇为什么它的树身总是倾斜向海的那一侧，微微地弯着腰。博学的爸爸解答了我的疑问。原来椰树生长时根部会向含水量较多的海边土壤生长，同时分泌激素，刺激树冠也向海边倾斜。等到椰子成熟之后，就会掉落海中，漂流到其他地方再去生根发芽，真有趣。

小小观察站

为什么我们在北方商店看到的椰子和长在树上的椰子不一样呢？

提示：北方商店出售的椰子实际上是椰子棕色的核，也叫“椰仁”。核外面还有一层很厚的纤维质和一个绿色的硬壳呢。为了节省运输占用空间，核外的部分在运输前就被去掉了。

雪白的椰肉是不是很诱人？

浅滩长出的野生椰子，它们会随着海水飘向何处呢？

树木充电站

椰子与海浪、沙滩总有着密不可分的关系。为什么椰子树总是生长在海边呢？原来，椰树的种子就在椰子里面。椰子成熟后，掉在大海里，既不会沉没，也不会腐烂，而是漂浮在水面上，随着海水四处漂流，有时甚至会旅行数千千米。一旦碰到浅滩，或被海潮冲向岸边，遇到了适宜的环境，就会扎根发芽，长出一棵新的椰子树来。

树木游乐园

喝完椰汁，你可以把椰子重重地往地上一砸。椰子壳破碎之后，就可以看到里面白白的椰肉了，可用勺子刮着吃，椰子肉非常有嚼劲，透着浓浓的椰香，也可和米饭蒸在一起，然后就可以吃到香喷喷的椰子饭了。

槟榔，就像迷你版的小椰子

别名：槟榔子、大腹子

尚尚日记

爸爸到海南出差带回来一袋干槟榔。我拿了一颗品尝，也递给了妈妈一颗。爸爸说要把槟榔嚼得很细，在嘴里多嚼一会儿，再慢慢吞下，你会感觉到喉咙发热，脸发烫，身子暖暖的。我将信将疑地把槟榔送入口中，结果一股涩涩的怪味涌出，我差点吐出来。回头看了看妈妈，她也正皱着眉头。很快，妈妈就把槟榔吐掉了，我还坚持用力嚼着，槟榔都被我嚼烂了，使劲往下咽，可喉咙却像卡住了似的。真是难忘的嚼槟榔的经历。

小小观察站

观察槟榔果有什么特点？

提示：个头略小于鸡蛋，果皮纤维质，内含一粒种子，即槟榔子。

新鲜槟榔不易保存，所以通常要经过加工处理，即先清洗，然后浸泡炮制，晾干切片后，再经过炒制或者直接调味，包装上市。

槟榔的果实是不是有点像迷你版的椰子？

树木充电站

槟榔果自古以来就是中国东南沿海各省居民迎宾敬客、款待亲朋的佳果，因古代敬称贵客为“宾”、为“郎”，所以“槟榔”的美誉由此得来。槟榔原是重要的药用植物之一，在南方一些地区的人们一直保持着咀嚼槟榔的习惯 。实际上，槟榔不宜多嚼多吃，长期嚼食，牙齿会严重磨耗。

菠萝蜜，世界上最重的水果

别名：苞萝、木菠萝、树菠萝

尚尚日记

放学回家，我发现客厅的茶几上多了个大家伙。它的个头比篮球还大，皮绿绿的，上面布满了密密麻麻的刺。“这是什么？”我好奇地问。妈妈说：“这是菠萝蜜，是一种热带水果。”爸爸看我的馋样，赶忙切开给了我一块，“啊呜”一口，我的牙好像突然被一个东西“挡”住了，原来是菠萝蜜的核：圆圆的，跟妈妈风衣上的纽扣一样大。尝着这鲜鲜的水果，我终于明白它为什么叫菠萝蜜了。因为它长得像菠萝，味道也像菠萝，却像蜜一样甜。

小小观察站

摸一摸菠萝蜜的果子，会不会扎手？

提示：菠萝蜜的果子会扎手，有些人还会对它的果皮过敏呢！

有的人吃菠萝蜜会有过敏反应，最好在吃之前，先将果肉放在淡盐水中浸泡10分钟，这种方法除可避免过敏反应的发生外，还能使果肉的味道更加醇美。

树木充电站

菠萝蜜和菠萝没有关系。一般菠萝蜜比菠萝大很多，味道也有差别。菠萝蜜清甜可口，香味浓郁，故被誉为“热带水果皇后”。绿色未成熟的果实可作蔬菜食用，棕色成熟的果实可以吃它的新鲜果肉，味甜酸而不浓。菠萝蜜是世界上最重的水果，一般都有五六千克重，最大的重20千克呢，小朋友你能拿得动吗？

这是榴莲。菠萝蜜的外形和榴莲看起来差不多，但是仔细观察就会发现它们的表皮以及里面都是不一样的，最主要的是榴莲有很大的味道。

山竹，果皮可以染色

别名：山竹子、倒捻子

尚尚日记

第一次听到山竹的名字觉得很奇怪，总觉得它不是水果，是竹子呢！先来看看它的形状：圆圆的，如柿子大小，它的外壳硬而厚，颜色深紫色，油亮亮的。头上由四片果蒂盖着，像一顶绿色的小帽子，显得十分俏皮可爱。剥掉它那深紫色的壳，露出了一层厚厚的、红红的东西，像是给果肉穿上了一层厚厚的棉袄，脱掉棉衣就露出洁白晶莹的果肉，就像几个白胖娃娃抱在一起，又像剥了皮的大蒜瓣相互围成一团。我忍不住掰了一瓣放在嘴里，轻轻一咬，哇！满嘴都是酸甜的汁，香甜嫩滑。妈妈教我看山竹“屁股”上的萼片，说外面有几个萼片里面就会有几瓣果肉。嘿嘿！于是我就打着“不相信”的旗号，一会儿就把一堆山竹剥开，“消灭”干净了，管它几瓣果肉呢，好吃！

小小观察站

剥山竹时应注意什么，山竹的味道好吗？

提示：山竹的皮上有汁液，剥壳时注意不要将紫色汁液染在果肉上，会影响口味。山竹果肉雪白嫩软，味甜略带酸。

在挑选山竹的时候，用手指轻压表壳，如果表皮很硬，手指无法使表皮凹陷，表示它太老，不适宜吃了，如果表壳软则表示新鲜、美味。

山竹的叶片椭圆形，花似蜀葵，瓣红蕊黄，大多为春花秋实。

树木充电站

山竹果实味道很好，但是山竹树只生长在南方，在东南亚地区栽种比较多，而且它对环境要求非常严格。种下1棵山竹树10年才能结果！不过只要开始结果就会结很多，一棵年龄大的山竹树能结500多个山竹果实呢！

无花果，不开花怎么结果

别名：蜜果、文仙果、奶浆果

尚尚日记

奶奶家有一盆无花果树，如果不小心碰断了它的叶子，就会流出乳白色的汁液来。它那褐色的枝条很光滑，无乱杈。有趣的是，它的果实是从杈条的缝里长出来的。刚开始，果子青青的，只有米粒大。成熟的果实形状如乒乓球，比乒乓球稍大一些。再过些天，它就会张开小嘴，露出紫红色的果肉啦，馋得人直流口水。咬一口，肉质松软，脆生生的，甜腻腻的，百吃不厌。

小小观察站

无花果的果实有什么特点？

提示：果实为肉果，呈倒卵形，状如馒头，故亦有“木馒头”之称。随开花季节不同，次第成熟，熟时呈紫色或白色，白者早熟。

树木充电站

听无花果的名字，很多人以为它是不开花就结果的，其实无花果树也会开花，我们平时看到的花通常在很显眼的位置，便于昆虫采蜜传粉、便于风吹散布花粉，而无花果的花却是凹陷下去的，从外表看，根本看不出有花。正是因为它的花被藏了起来，所以它就得了个“无花果”的名字。它的花被包裹起来了，花粉怎么传播呢？原来，包裹小花的圆球并不是完全密封的，它的顶上有一个小孔。到了开花的季节，有一种小蜜蜂会准确地找到无花果的位置，灵巧地钻进圆球的小孔里去采蜜，帮助它完成传粉的工作。

无花果并非无花，果实内似种子样的东西便包含了雌蕊和雄蕊。

无花果的果实。

花椒树，
栽种不仅为了花椒

别名：大椒、山椒、川椒

尚尚日记

摘花椒时我们分工合作，好不热闹，爸爸、妈妈负责摘，我和佩佩在树下接。花椒可不是那么好摘的，因为树上有刺，我好几次都被扎了。我们把刚摘下的新鲜花椒带回家，刚摘下时是红褐色的，还没有裂开。可慢慢地我发现它们都裂开了，并逐渐变成了黑红色。这是为什么呢？爸爸说，花椒的裂开有利于传播种子；而变色是因为它离开了树干，没有了水分。摘花椒时妈妈还顺便摘了些花椒小枝叶，回来后，裹上面糊，用油一炸，又脆又香，好吃极了。

小小观察站

我们吃的花椒一般是什么颜色？在树上采摘时你看到了几种颜色？它的果实会裂开吗？

提示：花椒结果时是绿色，成熟后变成红褐色，果实会开裂但并不会掉落。

仔细观察，花椒树上是有刺的，小心哦！

未熟的花椒和已经成熟的花椒。

树木充电站

我们常用花椒做调味品。实际上，不仅花椒的果实可以做调料，树皮也可以呢！人们栽种花椒树不仅仅是为了采摘花椒，我们去公园踏青采风时也会经常碰到它呢！因为花椒树上有很多的刺，而且刺的基部有些膨大，所以公园的人常把它栽植成一排树“墙”，阻止人们穿行。

腰果，果实扭了个弯儿

别名：鸡腰果、介寿果

尚尚日记

再过几天就要过春节了，今天我和爸爸、妈妈去买年货。我们来到干果区，挑选了一些花生、杏仁、核桃，当然还有可爱的腰果。生腰果是淡肉色的，就像一个小小的、弯弯的黄月亮。妈妈说，腰果既好看，又有好多用处，可以美容，可以通便，还可以软化血管呢！

小小观察站

我们吃的腰果是果实吗？

提示：生在假果顶端的肾形坚果就是腰果，它是真果实，它由青灰色渐变至黄褐色，果壳坚硬，里面包着种仁。

树上未成熟的腰果。

肾形的腰果是真果实，上面的假果叫腰果梨，也可以吃。

树木充电站

腰果与榛子、核桃、杏仁被称为“世界四大坚果”。腰果树浑身都是宝！除了它的真果我们经常当零食吃外，它的假果可生食或制果汁、果酱、蜜饯、罐头和酿酒；它的果壳油是优良的防腐剂或防水剂；它的木材耐腐，可供造船；它的树皮用于杀虫、治白蚁和制不褪色墨水。

树木游乐园

小朋友，考考你的眼力，下面这些坚果加工之前在树上的形态你都认识吗？

巴旦木

核桃

杏（杏仁）

碧根果

开心果

榛子

栗子

松子

小朋友，果实未收之前在树上时你能认出它们来吗？想想看，还有哪些水果？

常见灌木

跟乔木比起来，灌木显得那么矮小，那么不起眼，但是它们的园林观赏价值却不容小觑。它们能代替草坪成为地被覆盖植物，多种颜色的灌木组合在一起能构成一片“立体草坪”。

它们不像乔木那样体现自然美和个体美，而是通过人工修剪造型的办法，体现植物的修剪美、群体美；它们虽然不能生产木材，但用途相当广泛，可以做饲料、肥料、工业原料等。

紫丁香，为什么象征人的愁思

别名：百结、龙梢子

佩佩日记

公园里有两株紫丁香开得正艳！远远望去，枝繁叶茂，花团锦簇，像一团团紫色的云雾点缀在枝头。走近细看，含苞欲放的花骨朵犹如一串串粉紫的高粱，在阳光的照耀下，显得格外漂亮。每朵花都有4片粉紫色的花瓣，花瓣中有一根淡紫色的深管，幽香就是从这深管里飘出来的。我喜欢把鼻子埋在这花丛中，深深地吸它的香气，我觉得我的身体都被香气充满了。

小小观察站

观察一朵丁香花有几个花瓣？花朵有什么特点？闻一闻丁香花的香味。

提示：丁香花有4个花瓣，花瓣基部连结成长筒状。

丁香花因花筒细长如钉且香而得名。

白丁香为紫丁香的变种。

有很多丁香属的花朵外形大致相似，但颜色不同，它们是提取香精，配制高级香料的原料。

树木充电站

紫丁香在春季盛开，香气浓烈袭人，仔细观察就会发现它的花朵纤小文弱，花筒稍长，花蕾密布枝头，结而不绽，给人一种想要开放但又不开放的感觉。所以，古人将它称之为“丁香结”，象征着人的愁思。唐宋以来，很多诗人常常以丁香花含苞不放比喻愁思郁结，难以排解。

山茶，

我国著名的传统名花

别名：海石榴、晚山茶

佩佩日记

山茶花叶浓绿而有光泽，花形艳丽缤纷，非常耐寒，这种倔强的精神真让人惊叹。它的叶子是青绿色的，周围是锯齿状的边缘；它那层层叠叠的花瓣，柔软而有弹性，像一张张泛红的小脸蛋。

小小观察站

小朋友，你知道山茶花都有哪些颜色吗？

提示：红、黄、白、粉以及白瓣带红等颜色。

山茶花是木本花卉，而油茶是我国重要的木本油料植物。它们的种子可榨取茶子油，是山区宝贵的“铁杆庄稼”。

茶花品种很多，花瓣有单瓣、复瓣和重瓣3种。

树木充电站

山茶又名山茶花、茶花、川茶花等，是常绿植物，也是我国的传统名花。古人会拿它做盆景摆在室内。它不仅花朵漂亮，而且鲜花还可以吃呢。山茶也是很重要的蜜源植物，会吸引蜜蜂前来采蜜。它的花瓣是一瓣瓣掉落的。

接骨木，美丽而耀眼的红珊瑚珠

别名：扦扦活、大接骨丹

尚尚日记

秋天，凉爽的秋风吹到身上，格外的舒服。一些树的叶子开始变黄、变红，秋的味道也随着气温下降越来越浓。今天，我突然发现了另一番美景——接骨木红色的果实，好像一串串红珊瑚珠，老师说，可不要小看它，它的茎、枝、根、叶以及花朵都可以入药，从头痛脑热的感冒发烧到手足折损等用药都可以使用，而且药效很好！

小小观察站

接骨木的花朵在枝上是怎么生长的呢？

提示：接骨木的花是4-5月开放，为圆锥花序之密生淡黄色花，从一个花枝上面再往几个方向长，从下往上开花。

接骨木的花序顶生。

接骨木的果实红色卵圆形或近圆形，成串儿。这里西洋接骨木的果实，为蓝紫黑色。

树木充电站

接骨木属于落叶灌木或小乔木，不会长成参天大树，但是它的适应性很强，喜欢阳光，既耐寒，又耐旱，根系也很发达，容易栽种，春季白花满树，夏秋红果累累，适于观赏，更重要的是，它的抗污染性也很强，所以经常被用作城市、工厂的防护林。

火棘（jí），春季看花，秋季观果

别名：火把果、狭叶火把果、毛叶火棘

尚尚日记

走在路上，一股淡淡的清香扑鼻而来，原来是火棘开花了。远远望去白茫茫的一片，就像冬天的雪。花开过后成串的红色果实就会结满枝头，成为吸引人们目光的新景观。它的果实顶部有一个黑色的五角星，不但漂亮，还蕴含着丰富的营养呢。

小小观察站

仔细观察火棘果和山楂果有什么不一样？

提示：火棘果和山楂果很相似，不过火棘果更小一点，而且果的表面很光滑。

火棘的花很小。

火棘的果实，小而多，橘红到红色的果实密布枝头，好不热闹。

火棘苗通过修剪、控苗，是理想的花卉盆景。它的根生得奇形怪状，常用来做根雕艺术品。

树木充电站

火棘亦称毛叶火棘、火把果、狭叶火把果，是一种美丽的常绿植物，它的树形优美，夏有繁花，秋有红果，果实存留枝头时间很长，一直到来年春天还能看到火棘果，很适合在家里栽种。它的果实、根、叶都能入药，能清热解毒。那红得诱人的果实能直接食用，果实中含有大量的酸性成分和蛋白质，这些物质都是人体所必需的营养。

杜鹃，是鸟名，也是花名

别名：映山红、满山红

尚尚日记

4月来临，微风送暖，杜鹃鸟开始一声声啼叫，它的叫声唤醒了一大片、一大片沉睡中的杜鹃花。杜鹃花争奇斗艳地开了，红艳艳、粉嫩嫩的，花蕾像一个个刚结的小桃子，盛开的杜鹃花则像一把把撑开的小雨伞。它们在春风中摇曳生姿，就像一片片红彤彤的彩霞，我这才恍然大悟为什么杜鹃花又叫“映山红”了。

小小观察站

观察杜鹃花的花冠形状像什么？

提示：漏斗。

唐代诗人白居易曾经写过“闲折两枝持在手，细看不似人间有。花中此物是西施，芙蓉芍药皆嫫母。”这里把杜鹃比作了花中西施。

树木充电站

杜鹃花又名映山红、野山红、满山红等，杜鹃花是我国著名的传统观赏花木之一。清明时节，杜鹃花烂烂漫漫地开遍了山野，花繁色艳，姿态娇媚，花期长，映得满山通红。杜鹃花有超强的生命力，无论是干旱还是潮湿，都无法阻止它的生长。最厉害的是它长满了茸毛的叶片，能调节水分，还能吸附灰尘，非常适合种植在人多、车多、空气污浊的大都市，充分发挥它清洁空气的功能。

树木故事

杜鹃既是鸟名，又是花名。春末夏初，当在山林行走，常常可以听到“布谷、布谷”的叫声，这种声音清脆、悠扬，有时又令人感到惆怅。这种鸟就是布谷鸟，它还有一个名字叫杜鹃。传说杜宇是历史上的开明皇帝，当他看到鳖相治水有功，百姓安居乐业，便主动让王位给他，他自己不久就去世了。杜宇皇帝去世时，传说有一种鸟为之哀鸣，日夜哀鸣直至咯血，染红遍山的花朵，这花便是杜鹃花。

栀(zhī)子花，花香迷人

别名：栀子、黄栀子

佩佩日记

初夏，院子里的栀子花开了。一朵朵皎洁纯净的花朵点缀在翠绿的枝头，洁白的花蕊竞相怒放，像是身穿白色连衣裙的清纯少女。风轻轻地拂过，它们随风摇曳。那扑鼻的花香，让人在艳阳似火的时刻，也会顿觉明净与清凉。看着看着，我仿佛穿上了雪白的舞裙，也变成了一朵洁白无瑕的栀子花，和大家一起随风舞动……直到尚尚叫我，我才回过神来，原来我不是花，我正陶醉在花中。

小小观察站

栀子花有几个花瓣?

提示：栀子花有很多品种，不仅有单瓣的还有重瓣的。

我们经常看到重瓣栀子花，它是栀子花的一个栽培变种。

栀子花的果实是一味中药，人们也用它来作画画的涂料。

鸡蛋花和栀子花有些相似，但没有那么香。

树木充电站

栀子花是常绿灌木，叶子是对生、革质，长椭圆形，先端及基部钝形，长10～13厘米，表面浓绿色，有光泽。栀子花因花朵形状像古代的盛酒器具“卮(zhī)”而得名。它从冬季就开始孕育花苞，直到来年夏天才开放；花大洁白，芳香馥郁，而栀子花的叶子，虽然历经风霜雪雨却丝毫不减翠绿本色。栀子花不仅美丽清香，而且还能对抗毒性气体呢！

jīng
紫荆，为什么是穷人的兰花

别名：紫珠

佩佩日记

春天来了，紫荆树细长的树枝上开着许多美丽又可爱的紫荆花，像米粒一般大小，三五成群地聚在一起，好像在讨论什么事情一样。那诱人的花香“馋”得小蜜蜂们迫不及待地飞来，尽情地吸吮着甘甜的花蜜。如果来到紫荆花树下，一定会听到“嗡嗡嗡……”的声音。蝴蝶们围着紫荆花翩翩起舞，好像在说：“紫荆花姐姐，你看我们跳得怎么样？”一阵微风吹来，紫荆花在风中不住地摇晃，好像在为蝴蝶鼓掌：“不错不错，真好看！”

小小观察站

紫荆什么时候开花？紫荆的花朵长在哪里？花朵是什么颜色？

提示：紫荆先开花后长叶，一般4月中旬开花。紫荆的花朵长在老茎上，花朵呈紫红色。

香港紫荆花。秋天开花，花一朵一朵在枝上绽放，花朵轻盈柔美，像翩翩飞舞的彩蝶。

树木充电站

紫荆为落叶大灌木或小乔木，高3～4米。叶近革质，宽卵形，长8～10厘米，背面有短柔毛，花粉红色，花梗细长，为下垂总状花序，长4～10厘米。我们都知道紫荆花是香港特别行政区的区花。其实，在香港广泛栽培的紫荆叫洋紫荆，别名红花紫荆、红花羊蹄甲、香港樱花。它开出的花朵貌似兰花，形态优美，西方人将它喻为“穷人的兰花”。香港特别行政区区旗被选定为一面中间配有五星花蕊的紫荆花红旗。红旗代表祖国，白色紫荆花代表香港。

香港金紫荆广场上“永远盛开的紫荆花”雕塑。

树木故事

相传汉代有一户人家，兄弟三人，准备分家。财产均分后，只剩下屋前一株紫荆花树还没来得及分。兄弟三人约好第二天将这株紫荆花树一分为三，各得其一。哪知到了第二天清早，紫荆花树竟然已枯萎死去。三兄弟见此情形非常感动：一棵树木听说要将它一分为三，即憔悴而死，难道我们兄弟三人还不如树木？于是兄弟三人不再提分家之事。没多久，屋前的那株同根连理的紫荆花树又复苏、繁茂起来，且比之前更加生机勃发。从此，紫荆花便成为团结和睦、骨肉难分的一种象征。

▲
盛开的紫荆，先花后叶，花在老茎上开放。

山茱萸（zhū yú），古人为什么要佩戴它

别名：山芋肉、实枣儿

尚尚日记

“独在异乡为异客，每逢佳节倍思亲。遥知兄弟登高处，遍插茱萸少一人。”我很好奇，在王维的这首诗里，他们为什么要专门去登高插茱萸呢？后来老师告诉我们，古代人认为茱萸可以辟邪。所以到了重阳节，大家会相约一起去郊外登山，看到茱萸，就把茱萸花叶插在头上，或者佩戴在臂袖上，还采摘茱萸果子，甚至喝茱萸酿制的酒呢！总之，在古代，重阳节是一个和茱萸相关的盛大节日！

小小观察站

山茱萸的果是什么样的？

提示：果长椭圆形，跟红枣有些相似。

山茱萸黄色的花。

山茱萸红色的果实，椭圆形，味酸。

枸杞果，跟山茱萸的果实有点像，但它们又有区别，小朋友能分清吗？

树木充电站

唐宋咏颂重阳的诗词中经常会提到茱萸，主要有4种内容：一是在衣袖上佩戴茱萸囊；二是在头发上插茱萸；三是喝茱萸酒；四是以茱萸节、茱萸会代称重阳节。茱萸还分山茱萸、吴茱萸、食茱萸三大类。山茱萸的花很美，但是它和食茱萸一样枝条有刺，不适合插戴在头上。而吴茱萸枝条柔美、叶子细长，就像柳条一样适合编结佩戴。它的果实成簇结于梢头，捋一把装入香囊，也非常方便。所以，古人眼中的“辟邪翁”其实是“吴茱萸”。

蜡梅，和梅花有什么不同

别名：黄梅花、蜡花

尚尚日记

春天，桃花、梨花、杏花等，各种花竞相开放，鲜艳夺目。很少有人注意到矮小的蜡梅。只有到了冬天，大部分花和叶都凋谢，树上都是光秃秃的时候，蜡梅开花，才分外引人注目。它那淡黄色的小花朵星星点点地散落在枝叶上，看似柔弱，却丝毫不惧凛冽的寒风。远远地，就能闻到一股幽香，令人心旷神怡，给这萧条的寒冬增添了许多的生气。我喜欢蜡梅花的美丽，更喜欢它不畏寒冷、迎风绽放的精神！

小小观察站

蜡梅花和梅花有什么不同呢？

提示：蜡梅与梅花不仅名字像，而且长得也很像，都是先开花后展叶，但它们是完全不同的植物。蜡梅属于蜡梅科，梅花属于蔷薇科。小朋友，通过观察，你能说出它们的不同来吗？

开花时间不同：梅花在春天开花，而蜡梅在冬天开放；保存时间长短不同：摸一摸蜡梅的花就会发现蜡梅的花是蜡质的，可以保存很长时间，而梅花没有蜡质，保存期短；花朵颜色不同：蜡梅以蜡黄为主，而梅花有白、粉红、紫红等；蜡梅均为直枝，而梅花除有直枝外，还有垂枝；蜡梅为灌木，植株是一丛一丛的，而梅花多为小乔木，只有一个独立主干。

黄色的蜡梅和粉色的梅花。

树木充电站

蜡梅的名字有两种说法。一种是因为它的花是蜡质的，不易凋零。另一种是因为它在腊月开花。蜡梅在温暖的城市12月就绽放了，而在寒冷的北方地区往往到2月才开花。所以它更适合被称为“蜡梅”，虽然在不同地区开花时间不一致，但花同样是蜡质的。

木槿（jǐn），一朵花一天的生命

别名：无穷花

佩佩日记

在公园玩耍的时候，妈妈让我们分别去寻找植物，然后认出它们的名字。我找到的有木槿、鸡爪花、栀子花等，其中，我最喜欢的是木槿。据说它是韩国的国花，在北美洲还有“沙漠玫瑰”的别称呢！它的花瓣很美，站在远处看，像舞女之裙，随风就能跳起舞来。可惜的是木槿花寿命只有一天，一天过后，它会自动向里缩，躲在绿叶之下慢慢凋谢。

小小观察站

木槿花都是重瓣的吗？都有什么颜色？

提示：有单瓣、复瓣、重瓣几种。颜色有纯白、淡粉红、淡紫、紫红等，花形呈钟状。

淡粉单瓣的木槿花。

重瓣的花，里面花瓣较小。

树木充电站

木槿花是韩国和马来西亚的国花。木槿花可以吃，营养价值较高。其花期很长，5-10月我们都能看到它的倩影，但是就一朵花而言，只有一天的生命，清晨开放，第2天便枯萎了，如果木槿花作蔬菜食用，务必在每天早晨采摘，较新鲜。

紫薇，为什么它会怕痒痒

别名：痒痒树、紫兰花、百日红

佩佩日记

人们常说“花无百日红”，意思就是大多数的花盛开的时间都很短暂，但紫薇花却很不一样，它可以在夏秋之际的3个月内花开不断，难怪被人们称为“百日红”。紫薇的树干弯曲，老树干表面洁白光滑，新长的树枝却是褐色的，摸起来也很粗糙。那是因为紫薇树的树皮会随着时间的推移而逐渐脱落，露出洁白的树干。看到紫薇树，我总是不由自主地想去摸一摸。

小小观察站

紫薇开花之后即结果，小朋友知道它的果实有什么特点吗？

提示：果实椭圆状球形，幼时绿色至黄色，成熟时呈紫黑色。

紫薇花朵很有特色，花序像薄纱一般。它的花期很长，有诗为证：谁道花无红百日，紫薇长放半年花。

紫薇花不仅有红色的，还有白色的。

树木充电站

紫薇树长大以后，树干外皮脱落，表面光滑。用手轻轻抚摸一下，它就会轻轻摇晃颤动，仿佛怕痒一般，所以人们又叫它“痒痒树”。其实，紫薇“怕痒”的道理和含羞草“怕羞”是一样的，都是植物对外界刺激的一种敏感反应。

树木故事

传说盘古开天辟地以后，没有鲜花、小草，也没有可爱的小动物，到处一片荒芜。有一位美丽的小仙子叫紫薇，她很想让大地变得和仙境一样美丽，于是，她就去求万花仙子，万花仙子答应帮她施魔法让大地充满生机，但条件是要把她变成一株花。即使这样，小仙子依然答应了。为了纪念她，人们就把她变成的花称为紫薇花。

红瑞木，茎比花朵更美丽

别名：凉子木、红瑞山茱萸

尚尚日记

我第一次见到红瑞木时被它的红色茎吸引住了。爸爸说，它的枝干一年四季都是红色，老干暗红色，新枝丫血红色。冬天叶子落后，红色的茎干十分显眼，红艳如珊瑚。它的花小，黄白色，虽然很好看，但不如茎干那么吸引目光。爸爸说，红瑞木的果实还是一味很重要的中药呢！

小小观察站

红瑞木的茎一年四季都是红色的吗，它的叶片也是红色的吗？

提示：枝干整年紫红色或鲜红色。叶片在秋天变成鲜红色。

红瑞木的白色小花布满枝条。

红瑞木红色的枝干上有白色皮孔。

树木充电站

红瑞木是观茎植物，它的红色茎干在冬春很显眼，但实际上只有它的新枝才是红色的，生长两年以上的红瑞木树干就会变色。所以园林工人每年都会修剪红瑞木的枝条，让它每年都能发新枝，公园中它们常与常绿乔木种植在一起，获得红绿相映的效果。

棣(dì)棠，和红瑞木都是观茎植物，它的茎与红瑞木相反，是绿色的。

醉鱼草，鱼吃了会醉吗

别名：闭鱼花、鱼尾草

佩佩日记

爸爸常常给我们讲有趣的故事，说他小时候经常到小河里抓田螺、小鱼和河蚌回家。有一次，几个好朋友带了些石灰粉就奔向小溪去捞鱼。他们先到岸边找到醉鱼草，把它的嫩枝叶摘下来，边搓出醉鱼草里的汁液边和着石灰一起加入水中。然后几个孩子到下游堵住水流，防止小鱼逃跑。略等一会儿，只见一些小鱼、小虾反应迟钝，乃至翻肚。他们便一拥而上，将这些可怜的鱼虾们一抢而光。爸爸说，因为醉鱼草真的可以让鱼麻醉。

小小观察站

醉鱼草有几种颜色?

提示：醉鱼草多为紫色，有浅紫和深紫之分。偶尔还能看到粉色、白色。

醉鱼草的穗状花序，对生的卵状披针形的小叶。

由于蝴蝶和蛾类都非常喜爱醉鱼草这种灌木，所以有时也把它叫作“蝴蝶灌木”。

树木充电站

醉鱼草全株有微毒，捣碎投入河中能使活鱼麻醉，便于捕捉，所以才有“醉鱼草”之称。醉鱼草的小枝是四棱的，摸一摸能感觉到它棱上的小“翅膀”。它的嫩枝、嫩叶背面及花序被细棕黄色柔毛。它的花很小，花序呈穗状，有芳香气味，可用于提取精油。

锦带花，
花开艳丽似钟形

别名：五色海棠

佩佩日记

我家的院子里有一丛灌木，它的枝叶茂密，枝条散开，有些还弯曲到了地面。每年的4月，卵圆形的绿叶中就会陆陆续续冒出一簇簇钟形的小红花来，这些花朵并不是单独长出来，而是几个“兄弟姐妹”出现在一起，就像一个个快乐的小家族。它们色彩斑斓，多而密集，在很远的地方都能看见，像一条彩色的锦带。难怪它叫锦带花。妈妈说，锦带花并不仅仅是供人观赏，它对氯化氢也有很强的抗性，是良好的抗污染植物呢！

小小观察站

锦带花有什么特点？

提示：锦带花是合瓣花，它的种子在花的下面。

锦带花花冠呈漏斗状钟形，玫瑰红色，5个裂片。

锦带花的花色有紫红色、淡粉红色、玫瑰红色。

树木充电站

锦带花是我国华北地区非常常见的一种早春花灌木，它喜欢阳光，也耐阴，耐寒，对土壤要求不严，即使在瘠薄土壤中也能生长良好，鲜花盛开。它萌芽力强，生长迅速，而且花期长达数月。它在百花开放之后才开始绽放，仿佛又是一种生生不息的活力，因而被人们视为蓬勃向上的象征。

树木关键词

合瓣花：花冠各瓣彼此分离的叫离瓣花，各瓣有不同程度合生的叫合瓣花。

金丝桃，
雄蕊也灿若金丝

别名：金线蝴蝶、金丝莲

尚尚日记

妈妈买回来一株绿植——金丝桃。我走近一看，却是平常的盆栽，我问妈妈为什么要买这么普通的植物回家，既不好看，也没有香味，可妈妈说过几天开花就知道了。几天后我放学回家，一眼就惊喜地发现了阳台上的金丝桃，它竟然开出了亮丽金黄的花，连雄蕊都是金黄色的，真是一树的黄金啊！它的名字果然名不虚传！

小小观察站

观察金丝桃的花朵有什么特色？

提示：金丝桃的花和雄蕊都是金黄色。金丝桃的果是红色，在花卉市场称“红豆”。

雄蕊和雌蕊很有特色，像金丝一样。

以金丝桃为原料提取的金丝桃素，贵若黄金。

树木充电站

金丝桃为温带树种，喜欢在湿润半阴的地方生长，而且不耐寒，是南方庭院的常用观赏花木，在北方多做盆栽。它的花叶秀丽，花冠如桃花，雄蕊金黄色，细长如金丝般绚丽可爱，果实为常用的鲜切花材——“红豆”，常用于制作胸花、腕花。

树木关键词

雄蕊：种子植物产生花粉的器官，由花药和花丝组成。

雌蕊：种子植物的雌性繁殖器官，位于花的中央部分，由具繁殖功能的心皮(变态的叶)卷合而成。

海州常山，冬天还盛放的“花”

别名：臭桐、八角梧桐、后庭花等

尚尚日记

我见过冬天里既有夺目的红“花”，又有亮丽的蓝果的海州常山，这是多么让人惊讶的事啊！冬天万物凋零，海州常山那红色的“花朵”格外醒目，老师说，其实那并不是它的花朵，而是萼片。萧条的枝条上有鲜红色的像五角星似的萼片，又有蓝果相配，很是惹眼。

小小观察站

冬天看到的海州常山的红色部分是它的花瓣吗？

提示：不是，是它的萼片，它鲜红的萼片宿存。

树木充电站

我们看到的海州常山既有落叶灌木，也有小乔木，它的花冠细长筒状，顶端五裂，像小星星一样，除了常见的红色，还有白色。仔细闻一闻，花朵还有淡淡的香味。它的花果期很长，从6月到11月都能见到，球状的核果宿存在花朵上，一株树上花果共存，白、红、蓝色泽亮丽，非常漂亮。它的根、茎、叶、花都可以做药材呢！

树木关键词

萼片：花的最外一环，能保护花蕾的内部，常为绿色。

宿存：就是一直都留存，冬天也不会凋落。

海州常山冬天宿存的花和果。

紫叶小檗（bò），紫红小叶下隐藏着刺

别名：红叶小檗

佩佩日记

小区的绿化带有很多种灌木。深绿色的、浅绿色的、黄色的、紫色的……不同的颜色搭配在一起，十分漂亮。每到夏天，环卫工人都会把它们修剪得整整齐齐的，偶尔也会修剪出不同的造型。这些灌木中我唯一能记住名字的是紫叶小檗，因为它紫红的颜色在一片黄绿中最惹眼。在这片灌木中，紫叶小檗不仅颜色最特别，而且它还有一个小秘密——身上布满了“武器”！如果不走近仔细观察，绝对不会发现它细枝上的小刺。植物长刺是保护自己的一种方式，这样动物和人就不敢轻易侵犯它们了。

小小观察站

紫叶小檗的枝叶是光滑的吗？

提示：紫叶小檗全株有棘针，常分为3叉，叶簇生于短枝上。

紫叶小檗的黄色小花。

紫叶小檗的小红果为浆果。

金叶小檗的叶片全年金黄色。

树木充电站

我们在公园里经常见到紫叶小檗，它的枝细密而有刺。春天开小黄花，秋天红果点缀叶中，是很好的观赏花木，它常与常绿树种栽种在一起形成彩色景观。它的适应性很强，喜欢阳光，耐半阴，但在光线稍差或密度过大时，部分叶片会变绿。

树木关键词

浆果： 水分含量很高，果肉呈浆状的一类水果，如草莓、桑葚等都称浆果。

▲紫叶小檗常和大叶黄杨栽种在一起，也可以和花灌木一起搭配，色彩艳丽，对比鲜明。

大叶黄杨，最常见的塑形树

别名：小白蜡、小叶水蜡树

尚尚日记

校园的操场上，有两排修剪得非常整齐的大叶黄杨。每一株大概有一米多高，树叶非常茂密。树枝顶部的叶子是嫩绿色的，在阳光的照耀下绿得发亮，而下面的叶子是深绿色的，用手一摸，滑滑的。它的树枝像无数只手臂，你拉着我，我拉着你，构成了美丽的“绿色长城”，为我们校园增添了生机。

小小观察站

摸一摸，大叶黄杨的叶片有什么特点？

提示：叶面光滑，叶片边缘有波状锯齿。

大叶黄杨薄革质的叶片。

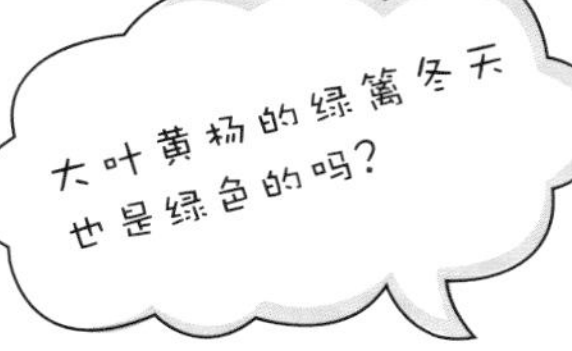

用大叶黄杨做的规整的绿篱，很漂亮吧！

大叶黄杨的花朵。

小叶黄杨也是绿化带不可缺少的风景。

树木充电站

大叶黄杨是最常见的塑形树种，绿化带总少不了它的身影。它的枝叶紧密、圆整，耐修剪，生长迅速，还能抗多种有毒气体，是优良的抗污染树种，所以它是园林绿化的大众树种。

修剪绿篱。

金银木，白色银花变金花

别名：金银忍冬

佩佩日记

金银木的叶子有的像小芭蕉扇，有的像桃心。金黄色和纯白色的金银花就镶嵌在绿叶中。白的像玉，黄的像火，特别好看。花朵只有两片花瓣，像芭蕾舞裙一样向外张开，中间夹着五六根花蕊。花瓣下则是较长的花梗，花梗上长满了小刺，毛茸茸的。我很好奇，同一株树为什么有的花是白色的，有的是黄色的呢？后来爸爸告诉我刚开出的金银花是白色的，晒久了就慢慢变成黄色了。

小小观察站

金银花和金银木有什么不同？它们开出的花一样吗？

提示：金银花是藤本，金银木是灌木。它们的花相似，初开时为白色，经过日晒后会变成黄色，所以我们看到的花是一黄一白，一“金”一“银”。

我们常说的金银花是藤本植物，蔓性好，而金银木是树，同属于忍冬科。

金银木的花朵和叶片。

金银木的果实红红的，而且总是一对一对地出现。

树木充电站

金银木和金银花都有白色、黄色的金银花，它们的花都是一种常见的中药，它们都属于忍冬科，秋末老叶枯落时，它们的叶腋间已萌新绿，深冬不凋，所以有了“忍冬”的叫法。

稠李，难道不是“臭李”吗

别名：臭耳子、臭李子

尚尚日记

乍暖还寒的时候，冬还没有离去，冰雪还没有完全消融，到处都是一片灰色，路边的行道树都在睡着，榆树、枫树、梧桐、槐树、银杏等都还没有醒来，可在路边的小树林里，却有一种树迎着寒风，已经顽强地发出了绿芽，早早地给我们带来了春的讯息。再晚些时候，这种树开出了一串串乳白色的花，就像树上缀满了白雪一般，在阳光的照耀下，美得使人心醉。它们就是稠李树，虽然并不名贵，但能早早地为人们带来美丽春色。

小小观察站

观察稠李的树皮、花朵，闻一闻它的气味。

提示：树皮粗糙且多斑纹，花瓣白色，花序长而且下垂，有股淡淡的异味，所以人们又称它臭李子。

稠李的白色花序。

稠李果实可以生吃，还可以加工成果汁、果酒等。

树木充电站

稠李树是早春树种，开花较早，且耐寒、耐阴，即使在 -45℃ 的低温中它也能生长。木材良好，树皮可做染料，叶可入药，有镇咳之效。果实蛋白质含量与苹果相当，也是很好的蜜源植物和观赏植物。

树木关键词

蜜源植物：供蜜蜂采集花蜜和花粉的植物，气味芳香，能制造花蜜。

gǒu
枸骨，爱过圣诞节的“猫儿刺”

别名：猫儿刺、老虎刺

尚尚日记

今天见了一种植物称“猫儿刺”，这名字很有趣！它枝叶繁茂，叶片深绿光亮，而且叶片边缘有刺儿，还会扎手呢！所以在它出没的区域人们是很难跨过去的！虽然它有带刺的枝叶，但它的红色果实很可爱，入秋后果实累累，非常艳丽，在冬天也不凋落。

枸骨树四季常青，入秋后红果满枝，经冬不凋，在欧美国家常用于圣诞节的装饰，所以也称“圣诞树”。

小小观察站

枸骨的花什么时候开，是什么颜色？

提示：枸骨四五月开花，小花是淡黄色的。相比它的叶和果实，人们往往会忽略它的花。

“猫儿刺”满树的果实，十分讨人喜欢。

树木充电站

枸骨是常绿灌木，它枝条的颜色和枝条的年龄有关。两年生的树枝为褐色，三年生以上的树枝为灰白色。枸骨其实原产我国，后来传入欧洲，逐渐取代了欧洲原来做圣诞树的植物。

木质藤本

如果没有支撑物，藤本植物的一生恐怕都要匍匐在地面上了，因为有了它们，才有了“垂直绿化”。它们可以遮挡建筑物中外露的难看的部分，可以将树干、墙面、窗户装点成有各种藤本缠绕的景观，为人们提供阴凉的同时，带来美丽景色。

qiáng wēi
野蔷薇，好比攀缘的月季花

别名：白残花、刺蘼(mí)

尚尚日记

上学的路上有一片野蔷薇，从初夏到深秋，它的花儿总也开不完。即使在夏天炎炎的烈日下，它开得依然灿烂。它的花是乳白色的，繁密地攒集在布满小刺的枝条上。花蕊很特别，细细的花丝顶着金色的花粉，引来蜜蜂嘤(yīng)嘤飞舞。它的味道甜丝丝的，就像新鲜的栗子蛋糕，四周都弥漫着芳香。野蔷薇十分朴素、淡雅，普通得如同路边不起眼的野花，却仍然不惜力气地装点着这个美丽的世界。

小小观察站

观察野蔷薇的花都有什么颜色？小朋友见过哪些颜色的野蔷薇呢？
提示：有白色、浅红色、深桃红色、黄色等。

野蔷薇茎上的刺。

野蔷薇的粉色小花，单瓣，有5个花瓣。

野蔷薇好比攀缘的月季花，是常见的攀缘植物。

树木充电站

蔷薇初夏开花，花繁叶茂，芳香清幽，花色五彩缤纷。它适应性强，在很多地方都能健康地生长，可栽植在溪畔、路旁等处。野蔷薇具有攀缘性，可用于装饰花柱、花架、花门、栅栏等，往往密集丛生，满枝灿烂，十分漂亮。小朋友想一想要是你家的门上开满了芳香四溢的蔷薇，你每天从花门出入，该有多棒呢?

月季花属于蔷薇科，花朵比野蔷薇大，而且月季常一朵单生，而蔷薇常多朵簇生于枝端。

野蔷薇的花朵不仅可供观赏，而且可供药用。

téng
紫藤，紫色风铃藤上挂

别名：朱藤、招藤、招豆藤

佩佩日记

校园的紫藤开得正盛，紫藤长廊是我和同学们最爱去的地方。老藤盘曲缠绕，像一条条粗细不同的长绳子，上面挂满了一串串紫色的小花。那紫色，好像是画家点缀上去的颜料一样。它的叶子像豌豆叶，但更长、更宽一些，两片两片地并着长，越往下的两片就越大一点。风儿一吹，紫藤花就像风铃一样摇动身姿，又像一只只紫蝴蝶翩（piān）翩起舞，一阵阵芳香也随之扑鼻而来。中午休息时间，我和同学们都喜欢跑到紫藤廊下，追逐嬉戏，在那洒下阵阵欢声笑语。

小小观察站

紫藤什么时候开花？

提示：4-5月开花。

紫藤开花后会结出形如豆荚的果实，悬挂枝间，别有情趣，但种子有小毒，不能吞食。

紫藤的鲜花不仅可供欣赏，也可以提炼芳香油，还可以做成好看又好吃的美食。

树木充电站

紫藤是一种落叶攀缘缠绕性大藤本植物，它生长较快，寿命很长，而且缠绕能力强，对其他植物有“绞杀”作用，但它对二氧化硫和氧化氢等有害气体有较强的抗性，对空气中的灰尘也有吸附作用。紫藤不仅观赏性强，而且能增氧、降温、减尘等，所以我们经常能在公园看到它们。

凌霄（xiāo），橘红花朵爬满墙

别名：上树龙、上树蜈蚣、五爪龙

尚尚日记

一到夏天，凌霄就尽情地绽放出美丽的花儿。仔细看，就会发现每朵花都有5片花瓣，中央有黄色的花蕊。一朵朵橘红色的小花儿，鲜艳欲滴、娇小可爱。它们三五结伴，吹着一只只小喇叭，被那油绿发亮的小叶儿陪衬着，在缕缕阳光的照射下，格外炫目。凌霄是攀爬高手，不仅爬满了我家的墙壁，甚至悄悄地爬上了二楼人家的窗户。远远望去，满墙都是火红的花朵，太壮观了！

小小观察站

仔细数数凌霄花每个小枝上的叶片，总数是奇数还是偶数呢？为什么？

提示：奇数。因为每个小枝上的叶片两两对生，最顶上只有单独的一片，所以总数为奇数。

▲

开在枝头像小喇叭一样的凌霄花。

树木充电站

凌霄花喜欢攀缘，用细竹支架可以编成各种图案，非常美观，人们常用它装饰窗台。花朵漏斗形，大红或金黄，色彩鲜艳。花开时枝梢仍然继续蔓延生长，从下往上，一朵一朵开放，所以花期较长。凌霄花寓意慈母之爱，经常与冬青、樱草放在一起，制成花束赠送给母亲，表达对母亲的热爱之情。

爬山虎，为什么会爬墙

别名：假葡萄藤、红丝草、五叶地锦

佩佩日记

走进公园，首先映入眼帘的便是两旁墙壁上那翠绿欲滴的爬山虎。爸爸说，爬山虎刚长出来的叶子是嫩绿色的，随着叶子慢慢长大，秋天，就变成鲜红色了。爬山虎所有的叶尖全部朝下，在墙上铺得那么均匀，没有重叠，也不留一点儿空隙，像给墙壁披上了绒衣。微风拂过，一墙的叶子就漾起波纹。仔细看，会发现爬山虎真的有“脚”。它的“脚”长在茎上。茎上长叶柄的地方，反面伸出枝状的六七根细丝，像蜗牛的触角。细丝的顶端呈小圆片的形状，能紧紧抓住墙壁，爬山虎就是靠着它们一步一步地爬满了整个墙壁。

小小观察站

爬山虎可以在垂直的墙面上攀缘，小朋友知道为什么墙上的爬山虎的叶尖都一顺朝下吗？

提示：因为受到重力的作用而叶尖全部朝下，所以爬山虎看上去很别致。

爬山虎又叫五叶地锦，它的叶子并不是生来就是红色，而是入秋后慢慢变成了夺目的红色。

秋天，爬山虎的叶子会变黄，结一串一串的黑色小果实。

三叶地锦，别名也称爬山虎，叶片在秋天也会变成红色。

树木充电站

爬山虎是一种常见植物，常常攀缘在墙壁、岩石上生长。爬山虎的叶子铺得十分均匀，不留缝隙，也绝不重叠，小朋友知道这是什么原因吗？因为植物中叶子有镶嵌的作用，它们会尽可能地利用空隙来获取更多的阳光，不同的叶片会参差分布，保证彼此都能得到均匀的光照。不光是爬山虎，如果从上方俯视一棵大树，同样会发现这棵大树的叶子相互间的镶嵌作用。

爬山虎爬墙的本领来自于它卷须上的吸盘，就像壁虎的脚一样。

常春藤，
寓意春天常驻

别名：土鼓藤、钻天风、洋常春藤

佩佩日记

常春藤在冬天生长得非常缓慢。春天一到，它们就顺着高高的藤架快速向上爬。很快，就已经长到我的鼻尖那么高了。纤细的藤蔓像小蛇一样扭动，缠绕着木架，碧绿的枝叶如小手般细嫩，像使劲要抓住什么似的。妈妈说，常春藤没有粗壮的根茎，为了获取更多的阳光和热量，向上迅速缠绕、不断攀爬就成了它的特性。

小小观察站

观察常春藤的叶子有什么特点？和爬山虎有什么不同，怎么区别？

提示：常春藤的叶子单叶互生。爬山虎的叶子是掌状复叶。

常春藤是常见的室内植物，叶片顺着枝条下垂，且四季常青，十分秀美。

花叶常春藤也很常见。

树木充电站

常春藤是一种十分美好的常绿藤本植物，从名字就可以看出它的寓意——春天长驻。送友人常春藤，表示友谊之树长青。在西方，新娘的头上常插绿色的常春藤，手捧的花束中也少不了常春藤，寓意爱情甜蜜、永不褪色。

树木关键词

攀缘根：攀缘根是气生根的一种。像常春藤、凌霄等植物的茎细长柔弱，不能直立，生出不定根。这些根顶端扁平，有的成为吸盘状，以固着在其他树干、山石或墙壁表面，有较强的攀缘吸附作用，所以被称为攀缘根。

luò
络石，打一个万字结

别名：石龙藤、万字花、万字茉莉

佩佩日记

学校操场旁的篱笆上爬满了络石藤，它们借助气生根的吸附，在墙面上、护栏和大树上随心所欲地攀爬。初夏时节，它们会开出白色的花朵，密集地挨在一起，挡住了绿叶。它们像一只只小风车，还带来一丝丝清香，飘向远方。我真为它们陶醉，正想凑近闻一闻时，被尚尚叫住了，他说“有毒，不能碰！”看来，洁白的络石只能远观呢。

小小观察站

观察络石花的形态是怎样的？

提示：开白色的花，形如“卍(wàn)”字，所以又称“万字花”。

万字花虽然漂亮，却是一种有毒植物，并且全株有毒。

树木充电站

络石有气生根，常攀缘在树木、岩石、墙垣上生长，所以被称为络石。初夏5月开白色花，有芳香的气味。络石除了像爬山虎一样攀缘外，还可以栽植在盆内，让它的气生根往下垂吊着长。小朋友喜欢的话可以在家种植，不过一定要记住，不要随意触碰，因为它是有毒的。

三角梅，花苞要比花朵美

别名：叶子花、纸花等

尚尚日记

我家里种着几株三角梅，妈妈说，三角梅是树，而不是花，它全身的枝干上布满了又硬又尖的刺。三角梅两年才开一次花，生命力很顽强。有一次，我们外出旅游，好长时间都没给三角梅浇水，回到家中，它只剩下几片枯黄的叶子了，可怜巴巴的。可妈妈坚持给它浇水，3个星期过去了，它竟然奇迹般地活了过来，长出了淡黄色的叶片。从这以后，我们更加珍爱这几株三角梅了。

小小观察站

三角梅树上紫红色的是它的花吗?

提示：是三角梅的苞片，三角梅的花很小，在苞片中间。

三角梅的苞片像叶子，紫色或洋红色等。

树木充电站

三角梅的枝条有攀缘性，但若是没有可攀爬的物体就成了灌木状。它的枝条有刺、拱形下垂。最有趣的是，我们观赏的不是它的花朵，而是它的苞片，它的花苞大而明显，为主要观赏部位，颜色有鲜红色、橙黄色、紫红色、乳白色等。它的花多而细小，黄绿色，常3朵簇生于3枚较大的苞片内，并没有很明显的花瓣，小花为小漏斗的形状，花瓣内有七八枚雄蕊与一枚雌蕊，虽然有少部分会结种子，不过绝大部分都不会结果，那怎么繁殖呢?通常用插条扦插的方法繁殖。

三角梅白色的小花。

三角梅的花苞片大，色彩鲜艳如花，有很高的观赏价值，但茎叶有毒。

扶芳藤，欲与杨树试比高

别名：金线风

尚尚日记

虽然已经入冬很久，但今天阳光很好，我和佩佩在小区公园玩耍时突然发现杨树上爬满了叶子。我感到很好奇，现在已是深冬，除了松柏，几乎所有的植物都开始冬眠防寒，杨树怎么反倒发起了新芽？我们走近一看，发现叶片不是从杨树上长出来的。爷爷走过来说，这是扶芳藤，非常耐寒，是北方为数不多的阔叶常绿攀缘植物，它生长速度特别快。原来在寒冬时节，除了松柏，还有这不落叶扶芳藤用绿色装点着我们的环境呢！

小小观察站

扶芳藤的果实是什么颜色？成熟后会开裂吗？

提示：果皮乳白色，种子红色。成熟后果实开裂。

扶芳藤的果实。

扶芳藤的花朵黄绿色，秀气可爱。

悄然爬上台阶的扶芳藤。

扶芳藤一年四季都是绿色吗？

树木充电站

扶芳藤生长旺盛，入秋后叶片会随着气温降低而变红，是庭院中常见的地面覆盖植物，人们常用它点缀墙角、山石、老树。

阅己妈妈 自然馆

大自然启蒙教育书系

我们要解放小孩子的空间，让他们去接触大自然中的花草、树木、青山、绿水、日月、星辰以及大社会中之士，农、工、商，三教九流，自由地对宇宙发问，与万物为友，并且向中外古今三百六十行学习。

——陶行知

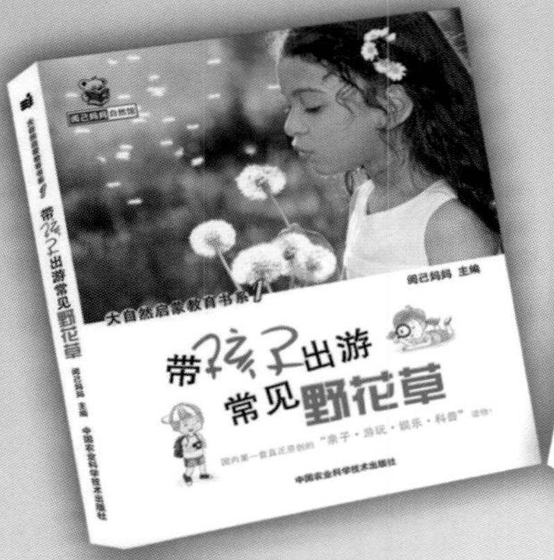

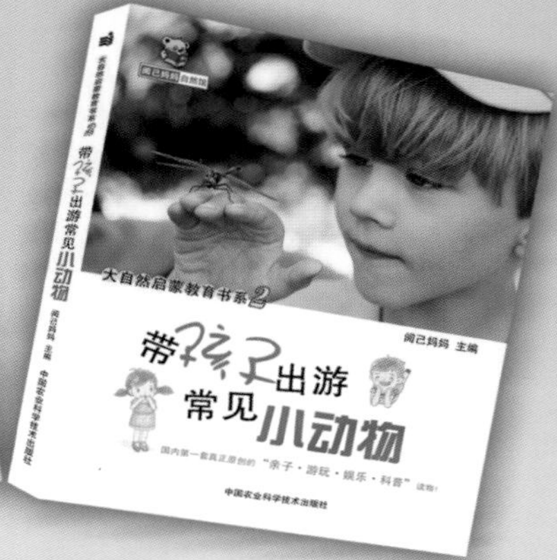

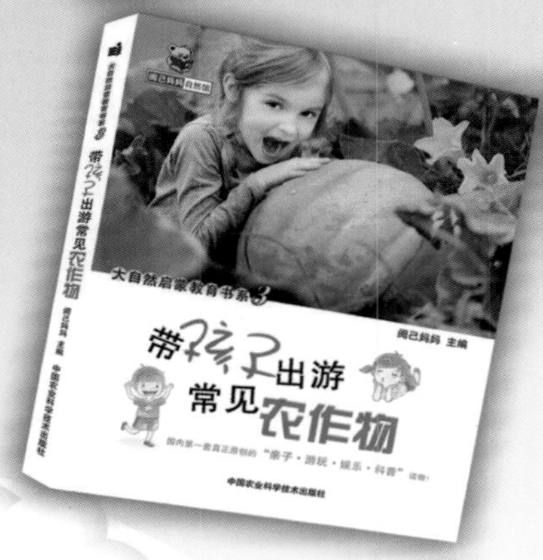

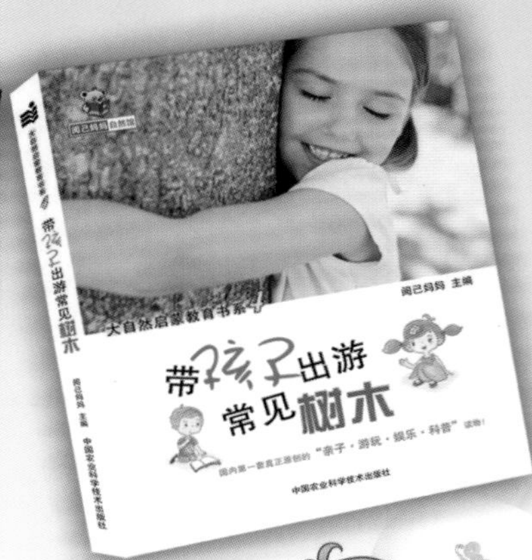